DES
SÉRIES

EN

PHYSIOLOGIE RATIONNELLE

PAR

J.-ÉMILE FILACHOU

Docteur ès Lettres.

In omnibus intellectum.
II. Tim., II, 7.

MONTPELLIER | PARIS

BAUMEVIELLE (Anc. Maison Seguin), | DURAND & PEDONE-LAURIEL

Rue Argenterie, 25. | Rue Cujas, 9.

1888

Suite des Ouvrages du même Auteur

Montpellier. — Typogr. CHARLES BOEHM.

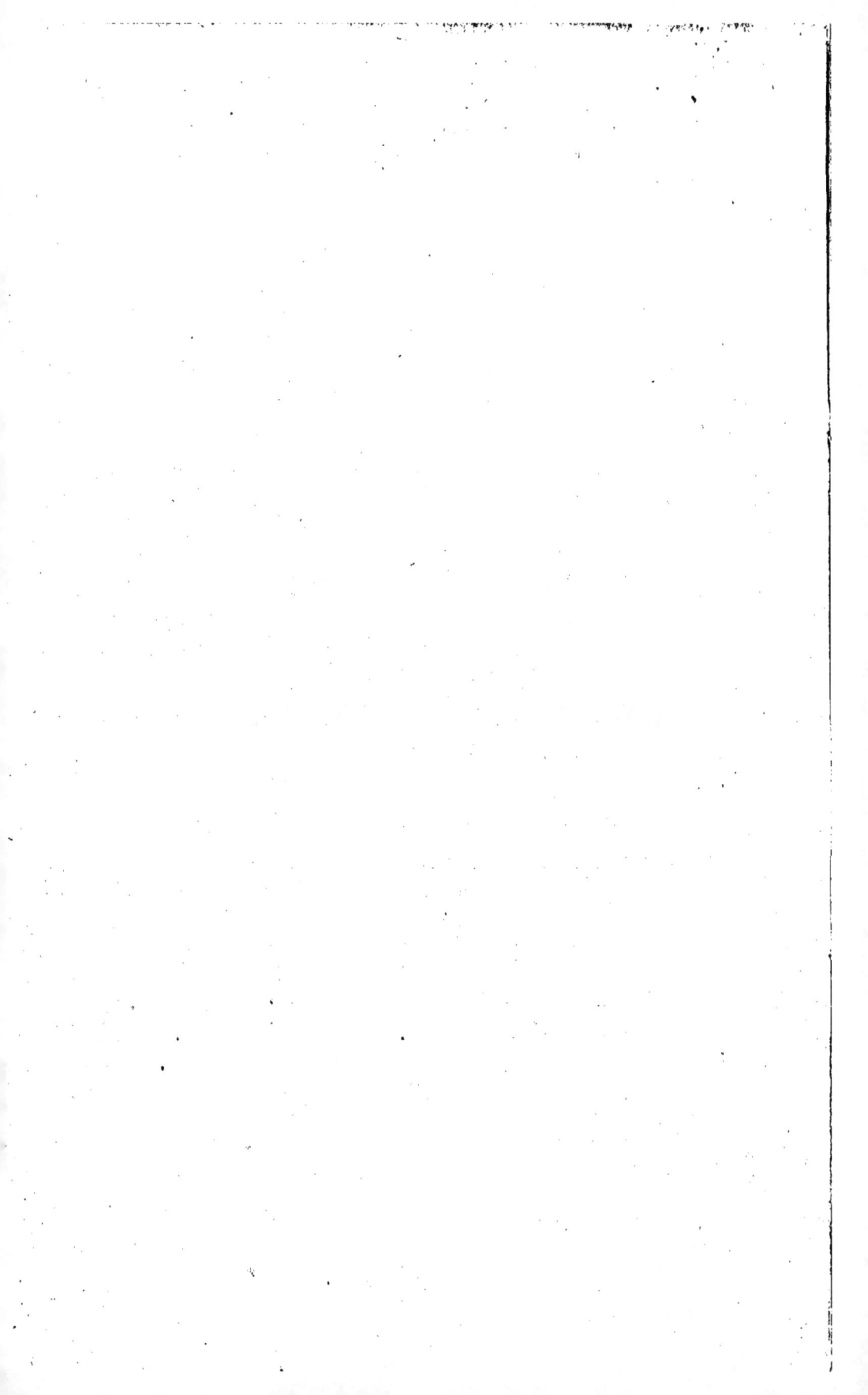

DES SÉRIES

EN

PHYSIOLOGIE RATIONNELLE

C.

POUR PARAITRE SUCCESSIVEMENT:

En Vente chez SEGUIN, Libraire

rue Argenterie, 25, à Montpellier

OUVRAGES DU MÊME AUTEUR

Examen de la rationalité de la Doctrine Catholique. 1 vol. in-8o. 1849.

La clef de la Philosophie, ou la vérité sur l'Être et le Devenir. 1 vol. in-8o. 1851.

Traité des Facultés. 1 vol. in-8o. 1859.

De Categoriis. Dissertatio philosophica. 1 vol. in-8o. 1859.

Principes fondamentaux de Philosophie mathématique. 1 vol. in-8o. 1860.

De la pluralité des mondes. 1 vol. in-12. 1861.

Traité des Actes, Sommaire de Métaphysique. in-12. 1862.

La Lévitation et la Revue scientifique. 1 vol. in-12. 1886.

La clef de la Science en l'appareil Thore. 1 vol. in-12. 1867.

Identité de la nouvelle force Thore et du magnétisme animal. 1 vol. in-12. 1888.

Du Vitalisme en Physiologie comme science. 1 vol. in-12. 1888.

Les suctions coniques en physiologie rationnelle. 1 vol. in-8. 1888.

Montpellier — Typ. CHARLES BOEHM

DES
SÉRIES

EN

PHYSIOLOGIE RATIONNELLE

PAR

J.-ÉMILE FILACHOU

Docteur ès Lettres.

In omnibus intellectum.
II. Tim., II, 7.

MONTPELLIER
BAUMEVIELLE (Anc. Maison Seguin),
Rue Argenterie, 25.

PARIS
DURAND & PEDONE-LAURIEL
Rue Cujas, 9.

1888

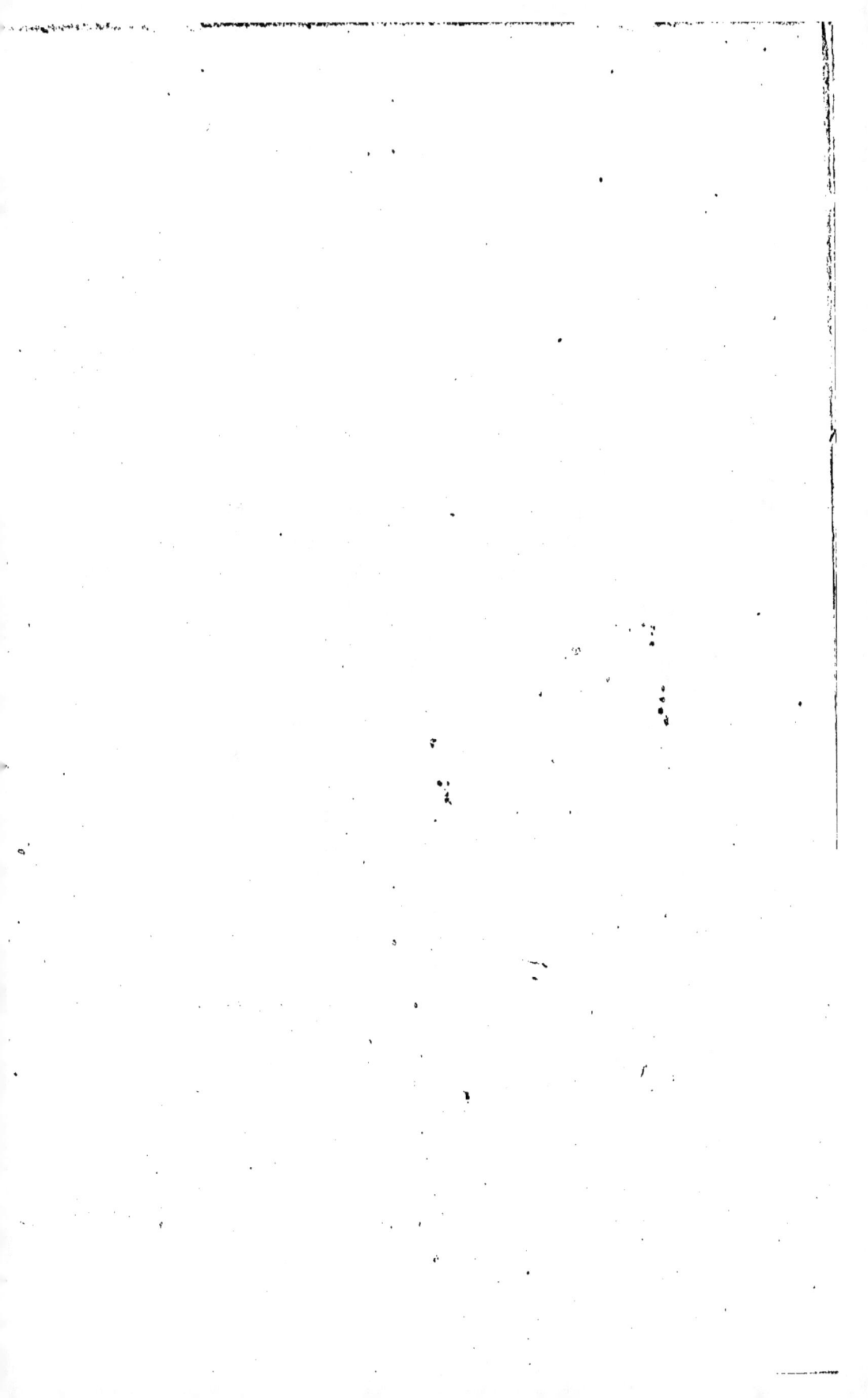

AVANT-PROPOS.

Dans notre précédent travail, après avoir sommairement distingué les trois sortes de séries *potentielle, géométrique* et *arithmétique,* voulant indiquer les sources de la perturbation en fonctionnement *organique,* nous en avons assigné l'origine dans la *potentielle,* l'aggravation dans la *géométrique,* et la consommation dans *l'arithmétique.* Nous occupant ensuite d'assigner également les moyens de rétablir l'ordre primitif, et reconnaissant que ces moyens ne peuvent être moins de deux, en raison des deux sièges de la perturbation originaire dans les deux premières séries *potentielle* et *géométrique,* nous avons admis que, inversement à la marche pro gressive de la perturbation descendant des séries de plus haut ou de moyen exposant à la série d'ordre le plus inférieur, la marche de la médication devait au contraire aller en remontant et se compléter à la série de plus haut exposant, en débutant par la rénovation de la série du plus bas exposant et se poursuivant en celle d'exposant

1

moyen. Suivant cette manière de voir, la rénovation commencerait donc par la série *arithmétique* et se poursuivrait en série *géométrique*, par la mise en opposition, à tout vice élémentaire, d'un remède élémentaire, et à tout vice moyen, d'un remède moyen. Mais si, la chose étant ainsi, nous avons pu déjà nous en assurer théoriquement, il ne nous importe pas moins actuellement d'en acquérir ou donner la preuve analytique ou pratique, et c'est ce que nous allons essayer de faire dans ce nouvel écrit, en y démontrant qu'il est aussi naturel d'assigner pour remède au *potentiel* un convenable changement apporté dans l'*arithmétique* série de l'*exponentiel* qui n'en est point (malgré sa disparité d'allure) séparable, que d'assigner pour remède au *géométrique* une semblable rénovation en ce même procédé *géométrique*, dont cette fois une moindre modification apportée dans l'homogénéité de facture suffit à ménager l'effet réparateur immédiat et définitif. Puisque tous extrêmes se touchent, si le mal vient de l'un, le bien doit venir de l'autre.

DES SÉRIES

EN

PHYSIOLOGIE RATIONNELLE

~~~~~~

1. L'institution de l'ensemble des séries *arithmétiques* et *géométriques* requises pour l'entière confection d'une physiologie vraiment rationnelle implique assurément le préalable achèvement de la chimie organique ainsi que de l'expérimentation biologique, dont les données sont manifestement indispensables à l'établissement de leurs suites, en raison de la mutuelle subordination originaire (au point de vue de la science absolue du moins) des idées aux faits et des faits aux idées ; mais, en même temps que ces données objectives s'acquerront grâce aux persévérants travaux des chimistes ou physiologistes expérimentateurs, il n'est point inutile ni

présomptueux aux logiciens et psychologues
d'aspirer à faire marcher la théorie d'un même
pas, et d'en préparer par ce moyen le commun
perfectionnement final, en recherchant de leur
côté, soit la forme, soit la nature obligée des mêmes
suites, seules propres à donner à la physiologie
corps et figure.

Malgré que les deux sortes d'exercices *naturel* (ou fatal) et *libre* (ou vital) de l'Activité
radicale soient réellement distincts, ils n'en sont
pas pour cela plus séparés ou disjoints ; et nous
en devons concevoir le double fonctionnement
toujours coexistant ou superposé, comme l'est,
par exemple, dans notre organisme, le jeu multiple de ses trois systèmes *alimentaire, ner-
veux* et *circulatoire*, dont chacun a l'air de
servir incessamment aux deux autres de principe,
de moyen et de fin. La multiplicité des fonctions
s'exerçant *à la fois* ou *l'une après l'autre* est
alors une raison de les ranger en séries simultanées ou successives ; mais, le grand nombre de
leurs termes ne permettant pas de les classer
d'emblée sans peine ou même en rendant impossible le classement immédiat, nous tâcherons

ici de remédier à cet inconvénient en remontant aux origines et considérant les premiers pas faits par l'Activité radicale elle-même évoluant vers le dehors.

2. *Absolument* une en principe, l'Activité radicale ne se pose tout d'abord que *relativement* en distinctement *sensible* ou *intellectuelle* ou *spirituelle*, sous l'une ou l'autre des trois formes $\frac{1}{\infty}$, $\frac{\infty}{1}$, $\frac{\infty}{\infty}$ ($= 1$), dont la première peut valoir comme symbole d'*intensité*, la seconde comme symbole d'*extension*, et la troisième comme symbole de *tension* pure ou neutre. Prenant *imaginairement* ces trois derniers modes d'exercice, on les isole naturellement; mais, puisqu'ils ne sont censés que relatifs, il s'en faut bien qu'ils subsistent à part, et l'on ne doit alors distinguer les deux premiers (ou l'intensité et l'extension) que par le *sens* de l'agir qui les institue; c'est pourquoi la seule manière de s'en figurer l'être ou l'état réel est de les représenter comme un aller et venir de haut en bas et de bas en haut *sur place*, ainsi que l'indiquent les flèches adjointes ci-contre à l'unité, $\downarrow 1 \uparrow$. Con-

venablement interprétés, les deux symboles ↓ 1, 1 ↑, ont la même signification que les deux expressions algébriques $\frac{1}{0}$, $\frac{0}{1}$. L'expression $\frac{1}{0} = \frac{\infty}{1}$ désigne alors un immense déploiement extensif de l' 1. Au contraire, $\frac{0}{1} = \frac{1}{\infty}$ désigne une infinie concentration de la même unité. Réunissant ces deux opérations contradictoires, on n'en enlève toutefois que ces deux immenses variations de sens inverse, et le jeu commun, l'égale enjambée sur place reste; d'où l'expression $\frac{\infty}{1} + \frac{1}{\infty} = 1$, symbole d'unité *réelle*, malgré l'implicite divergence infinie concomitante alors *imaginarisée*.

Effectuant sa double enjambée par exclusion *infinie* d'une part et par *infinie* concentration de l'autre, l'Activité radicale institue d'emblée deux limites *extrêmes* en renfermant entre elles une troisième alors *moyenne*, l'*unité*, laquelle est d'ailleurs si bien disposée dans cette circonstance, qu'elle apparaît autant contraster avec l'une quelconque des deux extrêmes limites précédentes censée par hypothèse y aboutir, qu'avec l'autre extrême censée réciproquement en dépendre; ce qu'on peut voir d'un coup d'œil en faisant, des deux expressions extrêmes $\frac{\infty}{1}$, $\frac{1}{\infty}$, le premier antécédent et le dernier conséquent de la proportion $\frac{\infty}{1} : 1 :: 1 : \frac{1}{\infty}$. L'*unité* psychologique de l'Activité s'installant radicalement en absolue sous l'une quelconque de ces trois formes ne peut donc être ici l'objet du moindre doute, en raison même de la pleine opposition contradictoire y siégeant à la fois et ne lui supposant pas moins de puissance en sa phase descendante qu'en l'inverse ascendante, pour lecture facultative de la précédente proportion de droite à gauche ou de gauche à droite. Mais il y a là, pour cette *unité*, deux manières de devenir explicite : l'une médiate, avec constance ou répétition à titre de *moyenne* ; l'autre immédiate et singulière, à titre de tout spécialement *finale* (ou de dénominateur) dans le premier antécédent $\frac{\infty}{1}$, ou bien encore de tout spécialement *initiale* (ou de numérateur) dans le dernier conséquent $\frac{1}{\infty}$. Nous avons à peine besoin de faire observer que la même réelle ou stricte infinité n'existe pas moins de à 1 dans ce cas, que de 1 à ∞ dans l'autre. L'Activité se concentrant ou s'épanouissant

infiniment alors passe donc instantanément à tra-
vers ou par-dessus une infinité de positions
intermédiaires dont chacune peut être considérée
con...e une nouvelle moyenne entre celle qui la
précède ou qui la suit de plus ou moins près;
mais trois positions seules y sont *typiques,* à
savoir : les deux *extrêmes* $\frac{\infty}{1}$, $\frac{1}{\infty}$, et la *moyenne*
absolue radicale 1, dont la distinction *relative*
et l'identité *absolue* nous sont déjà connues.
Ces trois positions sont donc seules nécessaires
aussi bien que fondamentales ; et, pour leur
simplicité de fait, pareillement déjà reconnue
malgré l'infinité d'emploi concomitant, nous les
qualifierons d'essentiellement *virtuelles,* comme
principes et précédents avérés de toutes les autres
possibles et contingentes à leur égard.

Ce qui n'est ou ne serait que *virtuel* ne manquant pas moins de *forme* que de *matière* en
soi-même, nous resterions bien maintenant hors
d'état d'en faire objectivement aucune application
si nous ne pouvions y rattacher l'origine de toute
forme et de toute *matérialité,* comme nous venons d'y rattacher l'origine de toute *virtualité*
contingente pour priorité d'exercice exclusif aux

trois points de vue de principe, de fin ou de
moyen ; mais, sous ce rapport, nous n'avons nullement à craindre de nous trouver en défaut ;
car, autant cette triple initiative convient aux trois
positions absolues *radicale*, *finale* et *moyenne*
comme sièges d'*intensité*, d'*extension* ou de *tension* pure complétement spontanées, autant elle
leur convient encore, en ressort *formel*, aux trois
point de vue corrélatifs de *centre*, de *contour* et de
rayon, dont la conception est bien la présupposi-
tion obligée de toute figure intégrale *naturelle*,
et nommément alors *sphérique*. Évidemment, on
n'aurait jamais l'idée de pareille figure intégrale
sans ces trois nouvelles notions formelles ; mais
leur triplicité n'en implique point immédiatement
la multiplication ni n'en compromet l'unité fondamentale : ici donc, de nouveau, l'*un* et le *multiple* se concilient parfaitement ; et la raison de
cet accord, nous l'avons dans le rôle exclusivement *relatif*, tout d'abord seul attribuable aux
trois nouvelles notions prises une à une de *centre*, de *contour* et de *rayon*, dont les deux premières sont cette fois les *extrêmes*, et la dernière
est la *moyenne*. En toute sphère, de même qu'il

y a tout à la fois *centre*, *contour* et *rayon*, il n'y a notoirement encore qu'*un* centre, *un* contour, *un* rayon (car un seul rayon suffit à la construire après détermination du centre et du contour, qui sont dès lors eux-mêmes invariables). Et que sont alors en eux-mêmes ce centre et ce contour? Là, l'un d'eux est l'autre, ou en puissance, ou en acte : telle est, en effet, la *puissance* présupposée dans le centre, telle est l'*expansion* réalisée dans le contour. Ce contour n'est donc qu'un centre épanoui, comme le centre n'est qu'un contour à faire ; c'est pourquoi d'abord le moyen n'est lui-même qu'un rapport déterminé de contour à centre, et puis, la sphère entière, qu'un produit unique ou singulier de centre, de contour et de rayon, si bien identifiés entre eux qu'ils ne font réellement qu'un, pour entière et commune inclusion de tous les trois, à titre de *relatifs*, dans la même existence *absolue*, dont ils se bornent à s'approprier, pour leur propre distinction, les deux rôles *extrêmes* de principe et de fin, ou bien *intermédiaire* de moyen.

Une Existence absolue, qui n'exclut rien mais inclut au contraire tout, sans pour cela rien confon-

dre, mérite assurément d'être désignée par une dénomination particulière en exprimant le caractère
exceptionnel d'Activité radicale susceptible de se
prêter distinctement à tous les rôles jusqu'aux plus
contradictoires, moyennant constant changement
de relation, ou de point de départ et d'arrivée,
non moins que de trajet, à l'aller et retour de
l'un à l'autre. Cette dénomination particulière
actuellement applicable est celle d'Esprit. Ainsi,
par exemple, tout *centre* existe *spirituellement*
quand, impliquant formellement ou virtuellement
en soi les deux autres rôles de contour et de rayon
ou se les ralliant indispensablement, il est centre avec contour et rayon comme sous-entendus
pour actuelle relégation apparente au second plan,
tandis qu'il occupe le premier ; et la même chose
peut se dire en outre, soit du contour, soit du
rayon, envisagés chacun à part, mais avec constante adjonction implicite, au contour alors principal, du rayon et du centre comme moyens ou
fins, ainsi qu'au rayon pareillement principal, du
centre et du contour comme fins ou moyens. Le
mode d'Existence *spirituelle* se caractérise donc
par la constante adjonction *réelle* (quoique avec

dénivellement plus ou moins considérable) à chacune des trois notions formelles irréductibles de
centre, de contour et de rayon, des deux autres,
dont elle se distingue alors sans en manquer ;
d'où il suit que nul de ces trois rôles ne se pose
jamais sans être toujours accompagné des deux
autres, et mérite conséquemment, en principe,
l'éminente qualification d'*universel*.

Soit, par hypothèse, un *centre* donné réel quelconque. Si l'Activité se *concentre* en lui réellement, elle ne peut ne pas être censée du même
coup en *rayonner* incessamment ; et, tandis
qu'elle en émane et s'y reconstitue de même incessamment, elle y subsiste aussi bien *absolument* comme *neutre*, que *relativement* comme
convergente ou divergente, avec *contour et rayon*
réels quoique indéterminés encore pour défaut,
non de réalité, mais de limites. Est-ce que d'ailleurs tout contour réel de sphère, une fois donné
par hypothèse, n'existe point — comme doué
d'égale courbure en tous ses points — indispensablement relié de fait en tout temps avec un seul
et même centre actuel par un seul et même rayon
également actuel ; ce qui nous démontre l'aussi

constant complément du même rayon une fois donné par ses centre et contour corrélatifs ? Un vrai centre, un vrai contour, un vrai rayon de sphère sont donc trois choses s'impliquant toujours entre elles, et non moins objectivement que subjectivement universelles à leur manière en principe et de fait dans cette rencontre ; lesquelles choses on se trouve strictement obligé de dire alors *spirituelles*, en raison de l'absence en elles de toute détermination *spéciale* ou *particulière* (capable d'en restreindre la *généralité* primordiale), non comme ultérieurement impossible, mais seulement comme ne s'y rattachant en aucune façon de prime abord.

Et comment concevoir alors ce surcroît de déterminations *spéciales* ou *particulières* en la primitive *généralité* des trois notions radicales formelles de centre, de contour et de rayon ? Rien de plus simple. Nous avons admis tout à l'heure la possibilité d'ériger au premier rang (à titre d'*absolue*) chacune de ces trois notions, en ne laissant point d'y conjoindre incessamment les deux autres (à titre de *relatives*) comme élémentaires ou complémentaires, et dès lors non com-

plètes elles-mêmes tout d'abord. Ainsi considéré, tout *centre* réel est complet à titre de centre, moyennant qu'il ait *contour* et *rayon* au moins indéfinis; car rien ne requiert que la vraie centralité d'une force ne comporte qu'une seule sorte d'expansion à son entour, et cette indétermination finale immédiate ou médiate est même la condition de son universalité relative ; ce qui peut et doit au reste se dire encore du contour et du rayon réels primitifs. Car tout *contour* réel est complet à titre de contour, sans expresse détermination de ses centre et rayon respectifs : quoiqu'il les implique en effet et par raison tous deux, on ne saurait nier qu'on n'en puisse déplacer arbitrairement le centre dans l'espace, ni qu'il comporte habituellement une pluralité de rayons au moins distincts de fait. Et de même, quoique toujours dépendant de centre et de contour donnés, tout *rayon* de sphère peut aussi bien aller ou venir de contour à centre que de centre à contour; il peut encore effectuer ce trajet avec une vitesse quelconque, et, malgré cette différence de sens et d'allure, il suffit bien à réaliser, seul, une sphère entière par l'immobilité

de l'une de ses extrémités et l'infinie mobilité
de l'autre, comme s'appropriant le rôle de centre
en l'une et celui de contour en l'autre, et témoi-
gnant ainsi tout à la fois de son indépendance et
de son universalité respectives.

Les trois notions formelles élémentaires de
centre, de contour et de rayon, constituant (par
leur distinction actuelle et leur identité radicale
une fois combinées) une sphère, ne laissent point
malgré cela de fonctionner séparément et par
ordre descendant aux trois degrés de la puissance,
savoir : le centre, au troisième degré, comme
solide $= 1^3$, — le contour, au second, comme
surface $= 1^2$ — et le rayon, au premier, comme
ligne ou direction $= 1^1$. Et par suite, le même
degré de fonctionnement doit s'en transmettre à
leur universalité respective ; ou bien il n'appar-
tiendra désormais en exercice accidentel qu'au
centre radical d'apparaître indépossédable de sa
primitive universalité d'opération dans les trois
dimensions de l'espace, comme au seul *contour*
d'apparaître exerçant sa prérogative moyenne
d'opération en deux directions spéciales, et finalement au seul *rayon* d'apparaître réduit à

fonctionner en une seule direction. Douée constamment d'exercice simultané dans les trois
dimensions de l'espace, l'activité *centrale* se
maintient par là même naturellement en tous
temps et lieux au rang d'*esprit* ; mais, sans se
dépouiller foncièrement pour cela de sa *spiritua-
lité* native, l'activité, soit *périphérique*, soit *rayon-
nante*, la recouvre d'un nouveau mode de fonctionnement spécial qui semble, par ultérieure
relégation au second ou troisième plan, l'annuler ;
et ce nouveau mode redoublé de fonctionnement
est alors, quand il comprend encore deux directions, le *formel*, — quand il n'en offre plus qu'une
seule, le *physique* pur. Le fonctionnement *spirituel*
radical de l'activité *centrale* n'est point, en tant
qu'unique et général, sujet à devenir ou changement ; il se pose en conséquence, une fois pour
toutes, sous une forme ou formule applicable en
tous temps et lieux au gré du libre arbitre sans la
moindre différenciation objective possible ; car,
comme embrassant sous ce rapport objectivement
tout, elle n'est du même coup objectivement rien
de distinct, sauf par contraste. Au contraire, le
fonctionnement *formel*, survenant à la suite du

précédent *spirituel*, s'installe en lui comme, par exemple, ressortent en la sphère entière ses trois grands cercles méridien, équateur et horizon rationnel, dont chacun n'implique plus que deux dimensions rectangulaires ; et, quand en dernier lieu le fonctionnement *physique* pur s'ajoute au moyen *formel* à la manière du rayon surgissant au milieu d'un contour circulaire, il adopte par là même forcément, en sa seule dimension résiduelle, cette forme linéaire de rayon ; d'où nous n'avons pas de peine à déduire alors la forme des deux nouveaux exercices *formel* et *physique*, complément ou revêtement du primitif *spirituel*. Le premier de ces deux nouveaux exercices, objectivement très apparents ou saisissables, ou le formel, est radicalement circulaire ou du moins révolutif par acte ou par tendance ; le second d'entre eux, ou le *physique*, est toujours ou du moins en principe, et par acte ou par tendance, linéaire et même rectiligne.

Sachant maintenant que les trois sortes d'exercices *spirituel*, *formel* et *physique*, sont entre eux comme *solide*, *plan* et *ligne*, ou bien dans le rapport des trois expressions 1^3, 1^2, 1^1, et que le premier des trois, ou n'apparaît jamais dans sa perfection, ou s'impose au contraire toujours comme nécessaire en principe et de fait dans sa généralité primordiale, imaginons de le concevoir relégué malgré cela d'ordinaire au second ou troisième plan, quand (comme nous l'avons déjà dit) le second et le troisième exercice affectent de se ranger tour à tour au premier. Dans ce cas, l'Activité radicale, se faisant, de *solide* ou sphérique, *plane* ou *circulaire,* s'objective ou prend forme en manière d'*astre* ; poussant ensuite sa transformation plus avant ou devenant, de *plane* ou *circulaire, linéaire* ou même *rectiligne,* elle s'objective encore plus par aggravation de forme et prise de fond dans la *matière* pesante. Or, tandis que l'Activité radicale se prête à cette double transformation consécutive ou la subit, il est évident qu'il se fait en elle une substitution de genre à genre ; mais, le premier genre apparent à sa manière en la conscience étant le *spirituel,* le second apparent à sa manière plus en détail est le *formel,* comme le troisième apparent encore à sa manière avec redoublement de force est le *physique* ; et, remarquant alors que le premier

genre est seul immodifiable par constant fonctionnement au troisième degré de la puissance
quand le second *genre* ne dédaigne point de descendre au rang d'*espèce* (= 1^2) et que le troisième *genre* condescend au plus bas mode
d'exercice *élémentaire* (= $1'$), nous inférerons
immédiatement de là que, si l'Activité radicale
est et reste vraiment *générale* dans son premier
fonctionnement *spirituel*, elle *se spécialise* vraiment au contraire dans le second *formel*, et finalement se *particularise* même tout.à fait dans le
troisième *physique*. Après quoi, si nous imaginons de faire du genre *spirituel* un premier
monde à part, irréductible à tout autre pour ses
transcendantes prérogatives d'immanence et
d'universalité, nous serons en plein droit d'y rat.
tacher désormais, comme inclus et subordonnés
avec possible mutabilité de rang, les deux autres
genres *formel* et *physique*, dont, si le premier
ou le *formel* jouit d'une préalable supériorité
manifeste sur le second ou le *physique*, ce dernier n'est point non plus impropre à devenir,
dans certains cas à déterminer et pour mérites
acquis, hautement supérieur au précédent *formel*.

3. Des trois genres d'exercices préexistants à tout devenir libre ou contingent au sein de l'Activité radicale, et que nous avons désignés par les dénominations de *spirituel*, de *formel* et de *physique* pur, nous venons de nous faire cette idée, que le premier ou *spirituel* se maintient seul perpétuellement à l'état *objectif* apparent de *genre*, et que, intervenant alors immédiatement après lui, le second ou *formel* déguise déjà notablement son état primitif *générique* en se réduisant du troisième degré de la puissance au second par fonctionnement objectif *spécial* désormais adopté de préférence, en attendant que plus tôt ou plus tard surgisse à sa suite, avec finale réduction au plus bas degré de la puissance, le troisième ou *physique*, exclusivement caractérisé de son côté par le fonctionnement individuel ou *particulier* demeuré jusqu'à cette heure implicite. Absolument radical ou radicalement absolu, le premier genre, *spirituel* par essence, est et reste invariablement *unique* en ressort *objectif* sous la forme $1^{\frac{3}{1}}$ prise (comme il a été dit) en symbole de fonctionnement *général*, toujours évidemment seul apparent en lui pour la note

d'*infinité* dont il a le privilège ; car, n'importe
qu'en principe et réalité tant le Sens que l'Intellect soient, comme l'Esprit, en état de s'approprier cette forme, leur différenciation *subjective*
qui la recouvre chez eux, et que l'Esprit répudie
constamment, ne parvient point en conséquence
à produire chez ce dernier, comme chez eux-
mêmes, la moindre atteinte à son *objective uniformité* plénière et manifeste, pour cette bonne
raison que deux ou plusieurs infinités, syno-
nymes de totalités, ne sont pas concevables.
L'universalité de l'infini n'en permettant pas le
redoublement ni la multiplication, tout fonctionnement *général* offrant ce caractère a beau pouvoir alors être *subjectivement* double ou triple
ou plus multiple encore, il est et reste au moins
objectivement unique pour sa plénitude, à titre
de type absolu primordial. Autre se démontre,
maintenant, le second genre dit *formel*, dont
l'apparition ne se réalise qu'à la suite du précédent *spirituel*, exceptionnellement (pour originaire isolement) universel ou général ; car, dès
lors qu'il doit ou veut s'en distinguer objectivement, il doit, quand son précurseur s'est fait de

l'*unité* son apanage exclusif, employer à cette fin
un nouveau mode d'exercice procédant au moins
cette fois par duplication ou dédoublement, ce
qu'il peut faire d'ailleurs le plus aisément du
monde en passant, de l'universelle conception
de trois en un, à celle de deux fois deux en un.
Supprime-t-on en effet, comme c'est ici le cas,
l'un des trois genres et nommément le *spirituel* :
il n'en reste plus que deux, dont on peut encore
intervertir l'ordre factoriel d'application en faisant
tour à tour de chacun un multiplicateur ou mul-
tiplicande, d'où résulte immédiatement un double
couple à facteurs *absolument* identiques sans
doute, mais *relativement* au moins distincts avec
fonctionnement constant, dont le caractère dominant est cette fois l'*inversion*. Cette inversion se
nomme alors, comme effectuée dans l'espace
intelligible, *réciprocité*, comme s'accusant dans
le temps, soit rationnel, soit sensible, *alternance*;
mais elle n'a pourtant qu'une seule manière de
se traduire en formule, expression d'extension,
soit déjà faite ou réelle, soit encore à faire ou possible, c'est-à-dire, ou d'*extension* ou d'*intensité*, suivant qu'on dispose de la valeur absolue

du couple produit en *numérateur* ou *dénomina-teur* par rapport à l'Unité radicale ; ce qui nous donne les deux expressions $\frac{1^2}{1}$, $\frac{1}{1^2}$; dont la pre-mière demeure comme symbole d'*extension*, et la seconde comme symbole d'*intensité* constantes. A cette *extension* correspond l'idée de *gran-deur*, et à cette *intensité* correspond l'idée de *vitesse* ; chacune de ces deux idées implique d'ailleurs notoirement, comme en étant ou l'effet ou le principe, la tierce idée commune de *force*, mais sans pour cela la faire ressortir de suite ou mettre immédiatement en évidence. Il est cepen-dant manifeste qu'elle peut et doit ressortir à son tour ; et c'est ce qui arrive quand l'extension et l'intensité, *particularisées,* se posent en forces ou puissances individuelles linéairement appli-quées sous la forme banale élémentaire 1', n'im-porte quel en soit l'exercice *générique* ou *spéci-fique* préalable et respectif (ou bien *spirituel, formel, physique*). Bien différent en cela du fonc-tionnement primitif *spirituel*, toujours unique, ainsi que du fonctionnement secondaire *formel,* toujours double, le tertiaire *physique*, dont la vive mais óphémère apparition recouvre et voile momentanément toute trace des deux précédents générique *spirituel* et spécifique *formel,* ne laisse point malgré cela d'en offrir au singulier la double allure, laquelle, adjointe à la sienne propre, en porte le nombre à trois ou bien institue trois allures élémentaires ou particulières à la fois ; et par cette sorte de sécularisation, il en rend possible la réitération ou multiplication actuelle à tel point qu'il n'y a plus désormais de limite assignable d'avance, tant aux *espèces* ou *genres* possibles des termes individuels ou particuliers accidentellement admis, qu'à leur *nombre.*

4. Considérons bien maintenant, pour les confronter, les trois modes d'exercice superposés en importance radicale, dont nous venons de démontrer le supérieur (*spirituel*) *objectivement* unique quoique *subjectivement* triple, le moyen (*formel*) mi-parti constitué de subjectif et d'objectif *par deux fois* érigés en couples de facteurs inverses, et l'inférieur (*physique*) offrant toujours l'*unité* singularisée pour constante abstraction ou séparation actuelle de la *triplicité* con-

jointe, et — non moins qu'elle alors — désormais multipliable sans fin. Là, d'après cette définition, les deux modes *inférieur* et *supérieur* d'exercice jouent les rôles d'*extrêmes* bien plus contrastants entre eux qu'avec le *moyen*, chez lequel il existe toujours un certain degré d'inclusion et d'exclusion combinés ensemble, quand, au contraire, chez le supérieur l'inclusion domine incomparablement l'exclusion au point d'imaginariser l'actuelle distinction des trois puissances radicales spiriuelle, intellectuelle et sensible, en même temps que chez l'inférieur l'exclusion des mêmes puissances l'une par l'autre domine inversement l'inclusion jusqu'à les dépouiller (sauf imaginairement) de tout rapport originaire et les traduire en pures individualités foncièrement homogènes en apparence, et sous ce rapport multipliables sans fin. Cette première concentration des trois modes radicaux d'exercice en un seul — mise immédiatement en regard du final émiettement d'activité réduisant toutes leurs ultérieures positions subjectives à l'état d'individualités nues par excès d'abstraction — n'est rien moins qu'une pleine opposition

contradictoire, dans laquelle il nous est actuellement aisé de reconnaître la raison d'être des
deux sortes de mondes que nous désignons habituellement par les deux mots d'*interne* et
d'*externe*. Car, en nommant le monde *interne*,
nous entendons effectivement désigner un état
de choses dans lequel les trois puissances subjectives sensible, intellectuelle et spirituelle subsistent incessamment superposées avec complète
pénétration mutuelle ; parlant du monde *externe*,
nous dissolvons au contraire en pensée cet absolu concert originaire, et, ne nous attribuant
que notre propre personnalité, nous en compo-
sons finalement l'objectivité d'un ensemble de
semblables positions élémentaires dont la seule
agrégation ou combinaison fortuite serait la
source ou condition des nombreuses masses cor-
porelles apparentes indifféremment sujettes ou
soustraites à notre propre perception ou direction.
Où cependant règne, comme dans le monde *interne*, l'absolue concentration, là règne en même
temps l'*universalité*. Où règne au contraire,
comme dans le monde *externe*, l'émiettement
absolu, là l'*uni-personnalité* pure et simple pré-

side à tout devenir. Malgré son infinie petitesse
objective apparente, le monde *interne* est donc
seul infiniment grand ; et, malgré son infinie
grandeur objective apparente, le monde externe
est au contraire infiniment petit. En pareil cas,
la disparité des deux ne saurait être plus grande
qu'elle ne l'est ; elle est donc entière et dégénère
en contradiction absolue, réelle, ineffaçable.

Alors que l'absolue *concentration* des trois
puissances radicales nous établit d'une part dans
l'infinie plénitude anticipée du monde *interne*,
et que d'autre part leur subséquente absolue
dispersion nous place dans l'inverse éparpille-
ment infini du monde *externe*, la même Activité qui nous porte ainsi d'un *extrême* à l'autre
doit être *à fortiori* capable d'effectuer après
coup, avec plus ou moins de rapidité, tous les
trajets de variable portée réalisables pas à pas
dans l'espace *intermédiaire* ; et c'est ce qu'elle
fait maintenant, quand, cessant de fonctionner
aussi bien (en son triple mode possible d'exercice intrinsèque originaire) *trois à trois* qu'*une
à une,* elle se met à fonctionner, par trois fois
d'abord et sans compte ensuite, *deux à deux* ;

auquel cas il y a cela de remarquable qu'indispensablement sa première manière de procéder
est d'instituer des *couples disparates* par association de *général* à *particulier* en même temps
que de *particulier* à *général*, quand, toute *spirituelle* en principe, elle entreprend de former
des *couples inverses* d'*intellectuel* et de *sensible*. Car si, par hasard, elle se bornait à vouloir
imaginairement conjoindre général à général et
particulier à particulier, que gagnerait-elle à
procéder de la sorte ? Rien du tout. L'infini rap-
proché de l'infini ne s'accroît point ; l'infinitésimal
joint à l'infinitésimal ne constitue pas davantage
de somme appréciable. Mais associe-t-on à l'infini l'infinitésimal, ou bien à l'infinitésimal l'infini, l'on effectue par là deux ensembles inverses,
au moins *formellement* distincts, et dès lors
pour cela même irréductibles, dont chacun ne
laisse point d'être absolument équivalent à l'autre,
malgré l'opposition *qualitative* là régnante sans
distinction de parties de groupe à groupe ; c'est
pourquoi la différenciation en apparaît *indéfinie*
pour intervalle *physiquement* inappréciable entre
deux simples positions formellement inalliables

ou distinctes. En envisage-t-on en effet, d'une
part, l'intrinsèque *composition spéciale*, tou~
jours et simplement binaire cette fois : parce qu'à
cet égard elle est bien *identique* des deux côtés,
on reconnaît immédiatement que, superposées
intégralement ou sans distinction de parties, les
deux positions s'en recouvriraient intégralement
encore ; et sous ce rapport on commence donc
par les superposer au moins imaginairement.
Mais leurs deux termes intégrants sont par
hypothèse *inverses*, et tout terme infini dans
l'une est infinitésimal en l'autre ; d'où il suit
que sous ce nouvel aspect les deux s'exclu-
raient totalement l'une de l'autre, n'était la
précédente conformité portant à les confondre,
abstraction faite de l'exclusion concomitante :
les deux positions formelles et binaires ici com-
posées sont donc à la fois, et comme identifiables,
et comme irréductibles ; et, non moins voisines
ou distantes ainsi de l'*absolue* superposition que
de l'*absolue* dispersion, elles flottent dans un
état *relatif* de simple superposition et simple
dispersion partielles, impossible à représenter
désormais par une seule formule, mais expri-

mable par deux, où la dualité nouvellement introduite tient pour ainsi dire en échec l'unité
fondamentale et concomitante, et telles que $\frac{2}{1}$, $\frac{1}{2}$,
dont la signification est que si, par exemple, en
extension relative, l'Intellect commençant à pré-
valoir sur le Sens se pose originairement en ressort objectif avec lui dans le rapport de 2 à 1,
inversement — en *intensité* relative — le Sens
retient de son côté par devers soi sur l'Intellect
une prépondérance objective équivalente ou figu
rable par le même rapport.

Nous avons déjà reconnu l'immanente *indivisi-
bilité* de l'exercice objectif infini commun aux
trois puissances radicales sensible, intellectuelle
et spirituelle. Au moment où se forme l'association
binaire des deux premières puissances intellectuelle et sensible, la *spirituelle,* qui se maintient
en dehors d'elles exempte de toute complication
même initiale telle que la binaire, continue donc
à fonctionner seule en pleine infinité d'exercice
au double point de vue du dehors et du dedans
indistinctement attribuable à l'Activité radicale ;
et, tandis qu'alors elle continue de comprendre
tout dans son ressort, les deux puissances intel-

lectuelle et sensible, qui fonctionnent désormais
sous elle et lui sont seulement *en somme* adé-
quates, sont par là même comme obligées de ne
s'en approprier chacune qu'une moitié consistant, par exemple, pour l'une, en cette part d'infinie préalable objectivité que nous qualifierons
d'*externe*, et, pour l'autre, en cette semblable
part d'infinie préalable objectivité que nous qualifierons d'*interne*. L'espèce d'infinie préalable
objectivité qualifiable d'*externe* nous apparaît
positive; comme immédiatement percevable ou
donnée; l'inverse infinie préalable objectivité
qualifiable d'*interne* nous apparaît au contraire
négative, comme simplement dérivée de la précédente par abstraction ou réflexion. En tant
que nous sommes alors censés percevoir immédiatement une *grandeur* donnée double d'une
autre, nous faisons d'ailleurs acte d'intelligence;
mais, en tant que nous nous bornons à saisir in-
térieurement une *force* ou faculté d'opération
double d'une autre, nous faisons acte de simple
discernement subjectif ou de sens interne. L'*indéfinie* primordiale perception de toute grandeur
objective est donc spécialement du ressort de

l'*Intellect*, comme l'*indéfinie* perception de toute
force subjective est spécialement du ressort du
Sens. Comparés à l'Esprit rigoureusement *infini*
dans son genre, les genres Intellect et Sens, de-
venus par association spéciaux, ne sont donc plus
qu'*indéfinis* chacun ; mais, malgré cette notable
réduction d'une part, ils ne laissent point de
jouir d'autre part d'une aussi notable faculté
d'ampliation ; car, autant, par exemple, ils sont
désormais l'*un et l'autre* à l'Esprit $=$ 1 dans le
rapport de 1 à $\frac{1}{2}$ ou de 2 à 1, autant ils sont
encore l'*un pour l'autre* dans le même rapport
de 2 à 1 ou de 1 à $\frac{1}{2}$. Se combinant en effet
(dans son acte de *spécialisation*) avec le Sens
comme de *général* à *particulier*, l'Intellect est
bien clairement désormais figurable par l'expres-
sion à double exposant décroissant $1\left\vert\frac{3}{4}\right.$; et de-
venu pareillement *spécial* par combinaison avec
l'Intellect dans le rapport inverse de *particulier*
à *général*, le Sens est de son côté figurable par
l'expression à double exposant croissant $1\left\vert\frac{1}{3}\right.$. Cette
inversion d'exposants est, là, manifestement né-

cessaire pour le passage de l'Intellect au Sens ou
du Sens à l'Intellect constitués en rapport de *principe* à *fin* en fait d'*extension* ou d'*intensité* convertibles l'une en l'autre, et personnellement
d'ailleurs modifiables ou sociables. Or, — de
même que, en la pratique de cette modification,
passer des deux termes exponentiels 1^3, 1^1, à l'intermédiaire 1^2 *en exprimant le rapport*, ou remonter inversement de 1^1 à 1^3 pour avoir le
même intermédiaire 1^2, c'est leur adjoindre à
titre de complément une même *moyenne* seulement différenciable des deux *extrêmes* (à titre al-
ternant de principe et de fin) et d'*elle-même*
comme spécialement *ascendante* ou *descendante*
en direction verticale dans un cas, et spécialement *dextrogyre* ou *lévogyre* en direction
transversale dans l'autre, — si nous faisons
abstraction de ces deux directions et supposons
l'activité désormais semblablement applicable en
toutes les directions possibles, elle nous apparaîtra
par là même non moins *absolue* dans son jeu
respectif de *moyenne* que le peuvent être les
deux termes *extrêmes* 1^3 et 1^1 employés à lui
servir chacun et tour à tour de *principe* et de *fin*.

3

Et, ces deux termes jouant alors évidemment à titre d'*absolus* un double rôle certainement *extrême* (puisqu'on n'en saurait concevoir de supérieur en grandeur à l'infini cubique 1^3 ou bien en petitesse à l'infinitésimal linéaire $1'$), force nous est de tenir également pour pleinement *absolu* le terme exponentiel intermédiaire ou *moyen* 1^2, dont, si (comme il vient d'être dit) l'*origine* et le *sens* diffèrent, la propre allure ou vitesse actuelle exprimée par le second degré de la puissance sans modification du radical ne saurait aucunement différer et jouit ainsi d'une constante et manifeste identité.

5. Entre les deux termes exponentiels extrêmes 1^3 et $1'$ d'une part et le moyen 1^2 de l'autre, il existe bien tout d'abord une évidente corrélation subordonnant, aux deux premiers présupposés fonctionner en composantes, le dernier alors fonctionnant à leur égard en résultante sous la dénomination de quotient quand on pose $\frac{1^3}{1^1} = 1^2$; mais, immédiatement après, le même dernier terme 1^2 ne manque pas de commencer de se relever de cette pleine infériorité primitive

quand on pose le produit $1^1 \times 1^2 = 1^3$; et, continua nt profiter de ce mouvement ascensionnel, il peut donc arriver à s'installer finalement aussi bien en *absolu* réel complet, que ses deux termes générateurs originaires 1 , 1^1. Le considérant donc comme leur égal au terme de son entier relèvement, nous n'avons plus devant nous un seul, ni même deux, mais trois *absolus*, dont à ce titre nous pouvons disposer en tel ordre qu'il nous plaira, non seulement par exemple en posant 1^3, 1^1, 1^2, ou bien 1^2, 1^1, 1^3, mais encore moins arbitrairement en posant 1^3, 1^2, 1^1, ou bien 1^1, 1^2, 1^3. Toutes ces diverses manières d'en disposer nous donnent assurément des *suites* de termes absolus indépendants ; mais, de toutes ces diverses suites, les unes sont *irrégulières*, comme entremêlant les deux modes de procéder avec progrès ou regrès, et les autres sont *régulières*, comme exclusivement instituées en ordre progressif ou régressif. Les *irrégulières*, purement arbitraires ou bien encore empiriques en principe, ne sembleraient pas mériter la dénomination de *séries* ; la leur conservant, nous devons être néanmoins attentifs à les bien

distinguer des *régulières*, dont la progression
s'effectue constamment suivant une certaine loi
mathématique; ou telle que, sans rétroagir sur le
caractère absolu de chacun des membres sériels
pour l'annuler, elle ne laisse point de les montrer évoluant, avec complète détermination, d'un
même pas appelé *raison* de la progression ; et,
s'il arrive (chose très possible) qu'une *suite* donnée commençant par l'irrégularité tourne plus tôt
ou plus tard à la régularité dans une notable partie
de son cours, avec chance de faire ensuite retour
à l'irrégularité, ce n'est pas une raison d'en dé-
nier toute dérivation mathématique, puisqu'il est
alors encore possible d'en représenter tous les
membres intégrants consécutifs par un *terme*
général applicable — moyennant convenable as-
signation des constantes variables — à tous les
termes *particuliers* compris en elle. A ce point
de vue, les divers termes ou membres intégrants
des progressions se prêtent aux deux modes de
fonctionner en *absolus* ou *relatifs* ; et, tandis
qu'ils se démontrent alors par leur caractère *ab-*
solu personnellement irréductibles, par leur caractère *relatif* diversifiable en lui même de plu-

sieurs sortes, ils tombent au contraire, entre autres aspects plus ou moins importants, sous les
trois principaux de respective subordination, ou
potentielle pour différence d'exposant, ou *factorielle* pour différenciation de coefficient, ou
encore *particulière* pour dissimilitude numérique d'éléments. Les progressions diversement
ainsi constituées en retirent des dénominations
spéciales et sont dites alors, les unes pour leur différenciation exponentielle, *transcendantes*,—les
autres pour leur différenciation factorielle, *géométriques*, — et les dernières enfin pour leur
différenciation particulière numérique, *arithmétiques*.

6. A la fois susceptibles de détermination soit
absolue, soit *relative*, les membres personnels
des trois sortes de séries transcendante, géométrique et arithmétique, si nous les considérons
séparément comme spécialement *absolus* d'abord
et comme spécialement *relatifs* ensuite, ne se
diversifient point autant sous le premier de ces
deux aspects que sous le second ; car, en fait,
leur différenciation sous le premier est trop *pro-*

fondé pour qu'elle se prête aux mêmes procédés facultatifs de remaniement applicables au second. Nous savons déjà qu'en principe l'Activité ne comporte que les trois genres d'exercice *spirituel*, *formel* et *physique*, dont l'ordre hiérarchique suivant les trois formules 1^3, 1^2, 1^1, n'est point cependant le seul possible, puisqu'on peut non seulement le renverser en posant 1^1, 1^2, 1^3, mais encore en intervertir partiellement la succession en posant les nouvelles suites 1^3, 1^1, 1^2, — 1^2, 1^1 1^3, — 1^1, 1^3, 1^2,..... L'essence de l'ordre *ternaire* se conservant là toujours inaltérable, à sa place nous ne pouvons alors concevoir d'admissible (en ressort même exclusivement *imaginaire* en principe sinon de fait) qu'un ordre sériel supérieur au *ternaire*, dont l'avènement accidentel aura pour effet de substituer, aux *seuls trois* membres *nécessaires*[1] de la *grandeur* en général, un nombre toujours croissant de nouveaux membres *contingents* formant alors la transition de chacun des trois rôles

[1] Il y a néanmoins des penseurs qui rêvent une *quatrième* dimension. Nous serions curieux de savoir où ils la croient possible hors des trois radicales.

radicaux à l'autre, en les modifiant d'ailleurs soit en *degré* ($= 1^3$), soit en *qualité* ($= 1^2$), sans pour cela les abolir foncièrement. Et, pour exemple de cette progressive modification *accidentelle* du *nécessaire* ordre *ternaire* primitif, nous prendrons l'immédiat supérieur *quaternaire*, prélude des autres plus avancés *quinaire*, *senaire*,...; lequel est (d'après la loi du développement du binôme de Newton) ainsi construit :

$$a^4 + \frac{4}{1} a^3 b + \frac{4.3}{1.2} a^2 b^2 + \frac{4.3.2}{1.2.3} a b^3 + \frac{4.3.2.1}{1.2.3.4} b^4.$$

Là, l'ordre *ternaire* radical se maintient, *implicitement* au moins, en la forme *discrète* des *Termes*, en la forme *compliquée* de leurs facteurs à partir des extrémités, et jusqu'en la forme *exponentielle* inversement décroissante et croissante des radicaux exprimés (a et b) : *explicitement*, néanmoins, l'ordre *ternaire* y fait place au *quaternaire*, en ce que, la complication des deux radicaux exprimés s'étant tout d'un coup aggravée, le nombre des termes *absolus élémentaires* compris dans la progression y croît *d'un* par la duplication du moyen. A l'ordre *radical* nous avons donc actuellement adjoint (sinon substitué) le *contingent*, lequel de son côté peut encore désormais se diversifier indéfiniment sans entraîner la moindre modification rétroactive dans le radical *absolument* invariable sous ses trois aspects même *relatifs* mais *fondamentaux*, puisqu'ils ne s'en approprient pas moins l'immanence, qu'il n'en contracte inversement la diversité.

Sortant donc (comme il vient d'être dit) de l'ordre *ternaire* radical, et reconnaissant en principe à ses trois pricipaux aspects *relatifs* essentiels une égale aptitude à se diversifier objectivement par sérielle évolution de termes continûment croissants ou décroissants entre certaines limites à déterminer, dont l'expression *générale* ne peut cependant être autre que l'une ou l'autre des trois formules 1^3, 1^2, 1^1, nous n'aurions assurément aucune raison de vouloir en restreindre *à priori* cette *égale* aptitude à la variabilité sous tous les rapports, si nous n'avions égard à la prééminence en *priorité* d'exercice objectif revenant de droit au *virtuel* sur le *formel*, et au *formel* sur le *physique* ; mais, daignons-nous avoir égard à cette

priorité de droit ainsi qu'à *l'égalité* d'aptitude
originaire, les conséquences à déduire de cette
dernière condition s'en modifient notablement.
Car, soit égale à 2 l'égale aptitude présupposée des
trois modes radicaux d'exercice à varier ; le *virtuel*, variant le premier, variera seul, à ce titre,
comme 2 ; le *formel*, survenant alors et surpas-
sant d'autant la préalable variation du *virtuel*, la
montrera s'élevant, en *somme* ou *produit*, à
$\left\{ \begin{matrix} \frac{2}{2} + \frac{2}{2} = 4 \end{matrix} \right.$; et finalement, marchant à la re-
morque du *virtuel* et du *formel* déjà coalisés en
apportant avec soi la même prédisposition subjective à varier, le *physique* variera lui-même d'une
quantité cette fois égale (en *somme* ou *produit*) à
$\left\{ \begin{matrix} 6 \ (= 2 + 2 + 2), \\ 8 \ (= 4 \times 2) \end{matrix} \right.$ ou mieux (en tenant compte de
la *première* position absolue radicale persistante) à
$\left\{ \begin{matrix} 7 \\ 0 \end{matrix} \right.$. Le carré de 1 est 1 ; 4 est le carré de 2 ; 9
est le carré de 3. Virtuellement, donc, le prin-
cipe *absolu* de tout est l'*unité* ; le principe *relatif* en est au contraire la *dualité* ; mais le
principe final *élémentaire* en est la *trinité*. Ne
nous portant point ici plus avant, nous ne
sortirions point de l'intérieur de l'Être ou de l'Ac-

tivité réelle ; et, voulant en sortir, nous la devons prendre telle qu'elle est à terme ou sous sa forme d'alors 1[1, 2, 3] ; et de là procèdent alors les diverses valeurs *spéciales* ou *particulières* distribuables en séries sur le type des puissances : $1^1, 1^2, 1^3 ; 2^1, 2^2, 2^3 ; 3^1, 3^2, 3^3 ; \ldots$; c'est-à-dire, toutes les sortes d'*êtres virtuels*, *formellement* ou *physiquement* perçus ou percevables en ressort externe.

A l'appui de ce que nous venons de dire relativement à la subordination obligée du *formel* au *virtuel*, et du *physique* au *virtuel* et au *formel* réunis, nous pouvons invoquer le témoignage de l'observation immédiate. Comparées entre elles, les diverses sortes d'associations d'éléments sont ou *cristallines* ou *organiques*, et les organiques sont *végétales* ou *animales*. Or toutes les sortes de cristallisations se résument en six systèmes ; et nul ne peut dire le nombre de sortes d'organisations végétales, et moins encore celui des animales. Pareillement, les éléments de pareilles agrégations matérielles y sont, *virtuellement* ou *qualitativement* ou *quantitativement*, en nombre toujours proportionnellement croissant :

les moins nombreux sont les *virtuels* dits magnétiques, électriques, lumineux ou calorifiques ; les moyennement nombreux sont ensuite les *formels* célestes ou terrestres, terrestres ou marins, organiques ou cristallisés ; et les plus nombreux sont enfin les *physiques*, dans lesquels se résolvent toutes les agrégations connues ou connaissables du monde minéral ré-aboutissant de cette manière, par excès d'émiettement, à l'universalité.

7. Les considérations précédentes sur l'originaire subordination du formel au virtuel, et du physique au virtuel et formel réunis, nous aide parfaitement à comprendre comment on passe immédiatement de l'*unité* du *genre* virtuel à la *dualité*, tournant incontinent au quadruple du formel traduit en *espèces*, et médiatement ensuite, dès deux espèces formelles une fois données, à la *ternaire*, individualité physique incontinent convertible à son tour en neuf autres ; mais elle nous laisse encore ignorer comment il se fait qu'ultérieurement la dualité d'*espèces* et la triplicité d'*individualités* sem-

blent vouloir renchérir numériquement l'une sur
l'autre, le *binaire* des unes dégénérant promptement en *ternaire*, *quaternaire*, *quinaire*, etc.,
en même temps que le *ternaire* des autres,
progressant en avant-coureur de la même manière, s'en approprie pareillement sans fin le
type préalable *dualiste*. Cette indéfinie multiplication subséquente d'*espèces* et d'*individualités*, devant s'opérer sans variation ni multiplication de *genres*, en suppose alors *trois* radicaux,
dont *deux*, l'un *absolument* invariable de fait
aussi bien qu'en principe et l'autre *absolument*
variable au contraire en principe aussi bien que
de fait, se trouvent être ainsi tout d'abord ralliés
ou médiatés par le troisième, seulement *relativement* invariable ou variable à demi, comme
ou volontairement ou fatalement astreint à faire
la transition de l'un de ces deux extrêmes à
l'autre. Celui de ces trois genres que nous supposons absolument variable de fait aussi bien
qu'en principe, est naturellement le premier des
trois, et nous le figurerons par l'expression $\frac{\infty}{1}$,
dont l'unité personnifiera, comme en étant la
fin, l'état respectif d'immutabilité. Par la même

raison, nous devons figurer par l'expression inverse $\frac{1}{\infty}$ le genre extrême opposé, dont l'unité personnifiera cette fois, comme en étant seulement un début, l'état respectif essentiellement variable. Réunissons maintenant, en les combinant, ces deux expressions : nous aurons l'expression résultante $\frac{\infty}{1} \times \frac{1}{\infty} = 1$, en laquelle il nous sera loisible de voir une figure du tiers *genre*, également personnel encore à son tour, mais avec faculté de ressembler à chacun des deux précédents, suivant qu'il aura pour *principe* ou pour *fin* l'un ou l'autre de leurs symboles respectifs $\frac{\infty}{1}$ $\frac{1}{\infty}$. Au *physique*, $\frac{\infty}{1}$ personnifie le sens radical, et $\frac{1}{\infty}$ personnifie l'Esprit Au *moral*, au contraire, $\frac{\infty}{1}$ personnifierait l'Esprit, et $\frac{1}{\infty}$ le Sens. Suivant donc que l'Intellect, qui est alors la tierce puissance, s'inspire du *physique* ou du *moral*, imitant les rôles absolus inverses et respectivement irréductibles des deux autres puissances institutrices (à titre des principes) de l'un ou de l'autre, il n'en est plus, à lui seul, qu'un reproducteur facultatif, tour à tour ou *physique*

ou *moral*, en raison composée des provocations
éprouvées ou de son propre vouloir; ce qui suffit
alors à nous expliquer comment, par une sorte
de nouveau renchérissement de l'Intellect sur
lui-même, il met objectivement à jour ou réalise
phénoméniquement des séries de toute sorte, lesquelles, régularisées, s'offriraient, à partir du
système *quaternaire* déjà déduit du *ternaire*,
dans l'ordre suivant :

(*Voir pag.* 51.)

8. Ces diverses séries suffisent à démontrer
d'inspection, malgré leur notable différence de
comparaison : le caractère éminemment *potentiel*
de tous leurs termes sous ce rapport *homogènes* ;
l'inversement uniforme évolution *géométrique* de
l'activité réelle ou subjective *spécialement propre*
à chacun d'eux, ainsi que leur ordre *objectif*
inverse, mais cette fois continu, d'intervention
en série régulière *arithmétique*. Comme elles
contiennent alors implicitement tout ce que
nous avons à dire, nous n'aurons alors qu'à
l'en extraire pour le rendre manifeste. Nous
commencerons par y constater la présence des

$$\alpha) \begin{cases} a^3 + \dfrac{3}{1} a^2 b + \dfrac{3 \cdot 2}{1 \cdot 2} a b^2 + \dfrac{3 \cdot 2 \cdot 1}{1 \cdot 2 \cdot 3} b^3, \\[2mm] 1 a^3 + 3 a^2 b + 3 a b^2 + 1 b^3; \end{cases}$$

$$\beta) \begin{cases} a^4 + \dfrac{4}{1} a^3 b + \dfrac{4 \cdot 3}{1 \cdot 2} a^2 b^2 + \dfrac{4 \cdot 3 \cdot 2}{1 \cdot 2 \cdot 3} a b^3 + \dfrac{4 \cdot 3 \cdot 2 \cdot 1}{1 \cdot 2 \cdot 3 \cdot 4} b^4, \\[2mm] 1 a^4 + 4 a^3 b + 6 a^2 b^2 + 4 a b^3 + 1 b^4 \end{cases}$$

$$\gamma) \begin{cases} a^5 + \dfrac{5}{1} a^4 b + \dfrac{5 \cdot 4}{1 \cdot 2} a^3 b^2 + \dfrac{5 \cdot 4 \cdot 3}{1 \cdot 2 \cdot 3} a^2 b^3 + \dfrac{5 \cdot 4 \cdot 3 \cdot 2}{1 \cdot 2 \cdot 3 \cdot 4} a b^4 + \dfrac{5 \cdot 4 \cdot 3 \cdot 2 \cdot 1}{1 \cdot 2 \cdot 3 \cdot 4 \cdot 5} b^5 \\[2mm] 1 a^5 + 5 a^4 b + 10 a^3 b^2 + 10 a^2 b^3 + 5 a b^4 + 1 b^5 \end{cases}$$

$$\delta) \begin{cases} a^6 + \dfrac{6}{1} a^5 b + \dfrac{6 \cdot 5}{1 \cdot 2} a^4 b^2 + \dfrac{6 \cdot 5 \cdot 4}{1 \cdot 2 \cdot 3} a^3 b^3 + \dfrac{6 \cdot 5 \cdot 4 \cdot 3}{1 \cdot 2 \cdot 3 \cdot 4} a^2 b^4 + \dfrac{6 \cdot 5 \cdot 4 \cdot 3 \cdot 2}{1 \cdot 2 \cdot 3 \cdot 4 \cdot 5} a b^5 + \dfrac{6 \cdot 5 \cdot 4 \cdot 3 \cdot 2 \cdot 1}{1 \cdot 2 \cdot 3 \cdot 4 \cdot 5 \cdot 6} b^6 \\[2mm] 1 a^6 + 6 a^5 b + 15 a^4 b^2 + 20 a^3 b^3 + 15 a^2 b^4 + 6 a b^5 + 1 b^6. \end{cases}$$

$$\varepsilon) \begin{cases} a^7 + \dfrac{7}{1} a^6 b + \dfrac{7 \cdot 6}{1 \cdot 2} a^5 b^2 + \dfrac{7 \cdot 6 \cdot 5}{1 \cdot 2 \cdot 3} a^4 b^3 + \dfrac{7 \cdot 6 \cdot 5 \cdot 4}{1 \cdot 2 \cdot 3 \cdot 4} a^3 b^4 + \dfrac{7 \cdot 6 \cdot 5 \cdot 4 \cdot 3}{1 \cdot 2 \cdot 3 \cdot 4 \cdot 5} a^2 b^5 + \dfrac{7 \cdot 6 \cdot 5 \cdot 4 \cdot 3 \cdot 2}{1 \cdot 2 \cdot 3 \cdot 4 \cdot 5 \cdot 6} a b^6 + \dfrac{7 \cdot 6 \cdot 5 \cdot 4 \cdot 3 \cdot 2 \cdot 1}{1 \cdot 2 \cdot 3 \cdot 4 \cdot 5 \cdot 6 \cdot 7} b^7. \\[2mm] 1 a^7 + 7 a^6 b + 21 a^5 b^2 + 35 a^4 b^3 + 35 a^3 b^4 + 21 a^2 b^5 + 7 a b^6 + 1 b^7. \text{— etc., etc.} \end{cases}$$

trois sortes de séries *potentielle*, *géométri-que* et *arithmétique*, dont la considération s'impose ici la première pour leur intime corré-lation avec les trois sortes d'exercice de l'Activité radicale *virtuel*, *formel* et *physique*.

Autre est le mode de manifestation de l'Acti-vité radicale en ressort *virtuel*, autre son mode de manifestation en ressorts *formel* et *physique*. L'exercice virtuel en est, comme absolu, toujours censé d'abord unique et puis indivisible ; car il en est en quelque sorte la personnification mé-taphysique ou transcendante. Au contraire, les deux exercices *formel* et *physique* en sont con-stamment, quoique bien distincts l'un de l'autre, en commun apparents ou visibles; et la person-nification phénoménique en est représentée dans les précédentes formules par les lettres *a* et *b*, dont, si la première signifie tout membre de couple à *formel* régressif et *physique* progressif, la seconde désigne alors le membre inverse à *formel* progressif et *physique* régressif. La per-sonnalité réelle, absolue, métaphysique, ne pouvant être sujette à cette alternation de rôles, (malgré qu'elle en soit le siège) s'en conserve alors perpétuellement indemne, et se contente d'y présider en agent *libre*, indépendant ou souverain, ou bien en esprit pur et virtuellement. Au contraire, parce qu'il entre dans la nature de toutes personnalités *relatives* d'apparaître en ressort tant *formel* que *physique*, ou bien en ressort et *formel* et *physique* réunis et combinés à divers degrés pour leur différenciation objective, elles doivent se montrer, chacune à part, affectées d'*exposants* ou de *coefficients* quelconques, dont l'*ensemble* réalise alors les séries *potentielles*, en attendant que, après séparation de ces deux éléments *exponentiels* ou *factoriels*, ces derniers instituent seuls les séries *géométriques*, et les premiers, seuls, les séries *arithmétiques*. Invisible par lui-même, le *virtuel* se manifeste alors indirectement au moyen des *coefficients* et des *exposants* corrélatifs, fonctionnant en simultanés représentants de leur commun principe directement imperceptible ; mais, des deux genres d'exercice *formel* et *physique* le produisant ou mettant à jour par leur concours, chacun se manifeste au contraire directement par ses propres effets tout spéciaux, dont les *formels*

4

se déroulent par simple *addition* ou *soustraction* d'éléments à la manière du temps [comme la suite des exposants 3, 2, 1 ou bien 1, 2, 3, en la série α)], et les *physiques* s'étalent de leur côté par *multiplication* ou *division* de facteurs à la manière de l'espace [comme la suite des coefficients 1, 3, 3, 1, dans la même série α), type de toutes les autres [1]. Portant après cela son attention sur ces deux sortes de séries prises en elles-mêmes, on y peut et doit remarquer la différence d'allure propre à chacune, et telle qu'elle est, en l'*exponentielle*, STATIQUEMENT *décroissante* ou *croissante* du commencement à la fin pour l'une ou l'autre des personnalités coalisées *a* et *b*, quand elle est au contraire, chez la *factorielle*, DYNAMIQUEMENT *ascendante* pendant la

[1] Bien qu'*en principe* il n'existe que trois individualités, *en fait* il en peut exister un nombre indéfini; mais alors le fonctionnement en est *physique* et *banal.* Or le sensible, une fois ainsi banalisé, se compose ou se décompose statiquement par simple addition ou soustraction, au fur et à mesure des actes physiques discrets effectués, dont la successive réalisation suffit alors à provoquer le proportionnel affaiblissement de la sensation physique chez l'agent agressif *a* et son proportionnel renforcement chez le réactif *b*.

première moitié du trajet et *descendante* pendant
la seconde moitié pour les deux personnalités en
relation constante. On ne saurait ici trop considérer cette différence d'allure, car elle démontre
la construction en manière de *solide* (nommément
sphérique, mais en fait aussi pour alors et suivant
les cas *polyédrique* ou *cubique*, § 7) de toute
objectivité phénoménique tant interne qu'externe :
le *milieu* des séries correspondant dans cette
manière de voir à leur *expansion diamétrale*, et
leurs *extrémités* correspondant à l'*allongement
terminal* aboutissant à l'un et l'autre pô'e suivant
l'axe.

Quelle que soit l'importance de cette dernière
observation, elle ne domine point et n'en signale
que mieux celle des trois nouvelles observations
qui nous restent à faire au sujet : 1° des *rapports*
des trois sortes de séries potentielle, géométrique
et arithmétique ; 2° du *rôle plus ou moins large*
de chacune d'elles; et 3° enfin de la *section conique*
à laquelle elles semblent suivant leurs divers modes
de formation devoir se rattacher de préférence.

9. D'après ce que nous savons déjà, les trois

sortes de séries potentielle, arithmétique et géométrique, coexistent certainement en principe ;
et, si nous ne craignons point d'attribuer sans
hésitation — pour bonne raison d'ailleurs — à la
potentielle essentiellement *absolue* de sa nature
(toute personnalité jouant un rôle absolu) la
priorité sur les deux autres, *arithmétique* et
géométrique, la question immédiatement ouverte
alors est de savoir de laquelle de ces deux dernières (ses succédanées en même temps que ses
compagnes) elle doit être censée plus ou moins
prochainement déterminer le devenir, ou subir
inversement l'influence. Sur ces deux points,
nous formulerons cette double assertion : que la
série *potentielle* est plus tôt suivie de la *géométrique* que de l'*arithmétique*, mais qu'inversement elle subit l'influence de l'*arithmétique*
avant celle de la *géométrique*, qui ne l'atteint
ainsi qu'indirectement, comme l'arithmétique
n'en est de son côté qu'indirectement émise. En
ordre descendant, la géométrique survenant la
première s'installe donc comme siégeant dès ce
moment à la droite de la potentielle, sa généra-
trice, et l'arithmétique survenant à son tour

s'établit en quelque sorte à sa gauche, quoiqu'il faille toujours les réputer l'une et l'autre situées à son devant, comme on réputerait les deux angles de la base d'un triangle équilatéral situés au-devant de son sommet, leur générateur, malgré leur simultanée situation à sa droite ou à sa gauche. En principe donc, l'Activité radicale, prenant immédiatement pied dans la série *potentielle*, s'empresse d'émettre comme à sa droite la série *géométrique*, d'où surgit ensuite médiatement la finale *arithmétique* ; mais, cette dernière une fois émise, l'Activité radicale nullement rétroactive rentre en la série *potentielle* ; et pour lors, tandis que l'immédiat agir s'en porte sur la *géométrique*, l'immédiat pâtir lui vient de l'*arithmétique*, cette dernière ayant ainsi l'air de l'emplir en quelque sorte par derrière en même temps qu'elle se vide par devant.

Les termes ici désignés par les dénominations de *droit* et de *gauche*, ainsi que d'*antérieur* et de *pos'érieur*, sont assimilables aux quatre points cardinaux *nord* et *sud*, *est* et *ouest*, comme on pourrait également les assimiler aux quatre nommés nord, sud, zénith, nadir ; mais

nous préférons ici nous en tenir à la première
assimilation, au moins pour le moment, car elle
suffit à reproduire fidèlement notre première manière de voir sur les *rapports* de causalité directe
entre les trois sortes de séries ; et de ce point
nous passerons alors immédiatement à celui con-
cernant l'*amplitude* des rôles attribuables à
leurs divers groupements de plus en plus parti-
cularisés, figurés § 7.

10 Le mouvement révolutif ou circulaire passant par les quatre points cardinaux de l'horizon
rationnel nord, sud, est, ouest, ou tout autre
mouvement circulaire passant par n'importe
quels autres points analogues des grands cercles
de la sphère, trouve, comme la sphère elle-
même, son immédiate représentation dans le
premier binôme a) du § 7. Là, non seulement il
existe en effet trois *personnalités* sièges ou principes d'exercice *virtuel* ($= 1^3$), *formel* ($= 1^2$)
et *physique* ($= 1^1$), mais encore tous les exem-
plaires en sont calqués sur les mêmes types respectifs au point de vue des exposants, en même
temps que les coefficients y sont exclusivement

1 et 3, ou 3 et 1 : toutes conditions dont nulle n'en exclut l'universalité, mais la comporte ou réclame plutôt. Partout où l'unité de genre comporte en effet la trinité de personnalité, l'unité de personnalité n'est pas moins inversement compatible avec la trinité de genre ; et l'unité nécessairement *singulière* coïncide ainsi très bien avec la trinité *générique*, alors siège et garantie d'universalité réelle. Là, donc, le mouvement circulaire actuel s'effectue vraiment sans limites en toute direction et tout sens dans les trois ressorts objectivement différenciables de l'espace, du temps et du mouvement ou de la vitesse.

De l'*universalité* partout et toujours alors régnante, la seule conclusion immédiate à tirer est que toutes les représentations d'espace, de temps et de mouvement alors perçues sont des productions objectives aussi généralement construites, et s'appropriant constamment la forme *solide* régulière *sphérique* ou *polyédrique* ; en quoi, si parmi toutes les surfaces polyédriques la priorité de *raison* revient (pour la plénitude ou rectangularité de tous ses angles) à la *cubique*, parmi

toutes les surfaces *polyédriques* ou *courbes* la
priorité de *fait* revient au contraire (pour la
moyenneté de sa courbure) à la *sphérique*. Car,
effectivement, toutes nos représentations simultanées ou successives prennent spontanément,
dans leur première et plus ample expansion, cette
tournure : ainsi, nous représentons tout d'abord
l'espace en rond ; et pour cela le mouvement
virtuel que nous effectuons en bloc est évidemment circulaire, d'où il suit tout naturellement
que l'idée de *temps*, essentiellement conçu (quand
il est réel) fluer en manière de *ligne* continue,
ne saurait prendre immédiatement pied dans la
nature objective à moins de rester *imaginaire*,
comme se prêtant seulement de cette sorte au
même concept *d'infinité* que les deux autres
idées *d'espace* et de *mouvement*. Mais, alors,
comment passons-nous de la forme primitive
sphérique à la première des formes polyédriques
aussi possible, ou *cubique?* C'est en pratiquant
de nouveau spontanément le procédé de préposer
le moindre nombre *actuel* de faces à tout autre
nombre plus grand, et nous basant en outre pour
cela sur la *moyenne* de ce nombre à nous donnée

par la formule primitive de dérivation potentielle
α). Car, jetant les yeux sur ses deux termes
moyens, nous apprenons par le premier d'entre
eux à coefficient $\frac{3}{1}$, immédiatement interprété par
le coefficient $\frac{6}{2}$, que, en pareil cas, le nombre
admissible de faces en comporte un triple couple
(ou bien six prises deux à deux) ni plus ni moins.
Là, l'exposant radical donné de la puissance est
la raison de ce nombre déterminé de faces. Si,
dès lors et par hypothèse, l'exposant de la puissance devenait plus grand, il est clair que le
nombre des faces devrait croître ; mais toujours,
en considérant le terme ou les deux termes pla-
cés dans la série potentielle à égale distance des
extrêmes, on serait en état d'en connaître la
moyenne ; laquelle serait : pour l'exposant 4, un
nombre de six couples formés en dodécaèdre ; —
pour l'exposant 5, un nombre de dix couples
formés en icosaèdre ; — .....

En dirigeant particulièrement son regard sur
le *milieu* des séries binomiques du § 7, on y
voit, en deçà et au delà de ce milieu, les mêmes
coefficients se reproduire, jusqu'à une certaine

limite, dans un ordre continu *géométrique*, as-
cendant d'une part, et descendant de l'autre ;
mais tôt ou tard cet ordre ne se maintient plus,
et se résout finalement en simple symétrie de
position : ce dernier caractère est donc le trait
dominant inaliénable des séries *potentielles*
ainsi manifestement discernables des *géométriques* et des *arithmétiques*, que, à titre de
transcendantes, elles n'excluent point, mais impliquent plutôt en types sériels spéciaux de
moindre portée, mais non de moindre usage ni
valeur intrinsèque en ressorts ou formel ou physique.

Non essentiellement personnels ou types de
personnalité comme les termes des séries *potentielles*, les termes des séries *géométriques* et
arithmétiques se signalent par deux modes spéciaux de dérivation, toujours continue cette fois
d'un bout à l'autre en leur espèce, mais assez
différents néanmoins pour ne pouvoir jamais se
confondre, et de nature alors constamment *com-
préhensive* par emploi des procédés factoriels de
multiplication ou de division dans le premier cas,
ou simplement *évolutive* par voie d'addition ou

de soustraction dans le second. On donne le
nom de *raison* à la quantité constante dont la
compréhension monte ou descend en progression
géométrique, ou bien encore dont *l'évolution*
avance ou recule en progression arithmétique.

Dans les séries géométriques, la variation peut
porter autant sur la *qualité* que sur la *quantité*
de leurs termes. Elle y porte sur la *qualité*,
quand les termes en sont pris *positivement* ou
négativement. Elle y porte sur la *quantité*, quand
la *raison* exprimant la compréhension est un
nombre identique au rapport des deux termes
réunis par elle (aux deux époques d'ascension ou
de descente) à titre de *facteur* ou de *quotient*.
En exemple de séries géométriques qualitatives,
nous proposerons la suivante :

$$\zeta) \;\sharp \cdots \frac{-1000}{-100} : \frac{-100}{-10} : \frac{-10}{-1} : \frac{+1}{+0,1} : \frac{+0,1}{+0,01} : \frac{+0,01}{+0,001} : \cdots;$$

et, pour exemple de séries géométriques seulement quantitatives, nous prendrons cet autre :

$$\eta) \;\sharp \cdots 1000 : 100 : 10 : 1 : \frac{1}{10} : \frac{10}{100} : \frac{100}{1000} : \cdots.$$

Pourquoi ce double début par la négation
d'abord, et par les plus forts nombres ensuite ?
Ces deux sortes de début ont en commun un

même fondement psychologique, en ce que l'Activité radicale doit toujours se porter, comme activité, de *principe* à *fin*, et par conséquent varier dans ce même rapport ; ce qui la suppose, après un premier acte de variation de principe premier à fin première, en effectuant un second de principe second à fin seconde...., et de plus saisie de deux fonctionnements alternatifs ou convertibles l'un en l'autre, le premier principe y jouant le rôle de fin seconde, après que la première fin s'est traduite en principe second. En elle, le principe premier se constitue par subite et spontanée conversion absolue d'*imaginaire* en *réel*. Mais, cela fait, elle ne peut pas davantage stationner dans le *réel* atteint, sans revenir de ce réel à l'*imaginaire*, cette fois posé comme réel à son tour. Et, si nous nommons alors sa première position dans le réel, *Sens*, sa seconde position dans l'imaginaire, équivalente à la précédente quoique bien distincte d'elle, sera l'*Intellect*. Or, voulons-nous nous représenter le premier fonctionnement *absolument imaginaire*, avant-coureur du premier *absolu réel sensible* : nous ne pouvons nous le représenter que comme *négatif*, quand évidemment le second fonctionnement absolu réel sensible, précurseur de l'Intellect, est et ne peut qu'être *positif*. Donc en premier lieu l'Activité va réellement de *négatif* à *positif*. Mais ce n'est pas tout : effectuant ce premier trajet ou changement, l'Activité radicale ne peut ne pas le réaliser sans s'y vouer avec d'autant plus d'ardeur qu'elle est plus fraîche ou plus entière, ni ne pas le percevoir avec d'autant moins de force ou d'efficacité qu'elle est en cela moins experte ou plus novice : elle doit donc s'y prêter avec un entrain aussi bien décroissant d'une part que croissant de l'autre, mais toujours pourtant avec *priorité* du *plus* (subjectif) sur le *moins* (objectif) ; ce qui nous explique bien l'allure en *quantité* d'abord décroissante et puis croissante, telle que nous l'avons formulée dans la seconde des deux séries *géométriques* précédentes, ζ et η.

Un exemple de l'aller et venir *oscillatoire* de l'Activité radicale d'imaginaire à réel et de réel à imaginaire dans les conditions que nous venons d'indiquer pouvant ici n'être pas inutile, nous l'emprunterons à la lumière naturelle se donnant les six couleurs dites complémentaires,

non dans leur ordre admis de réfrangibilité croissante ou décroissante, mais dans l'ordre de con-
vergence requis pour l'amener, pas à pas, des deux
colorations *extrêmes*, à la *moyenne*. En elle-
même, la lumière naturelle est un *plein* exercice de perception visuelle objectivo-subjective,
que nous sommes en droit de réputer néanmoins
nul en coloration pour sa blancheur, et qui peut
par là même passer pour une identité d'imaginaire et de réel, en tant que *non-noir* et *blanc*
tout à la fois. Devant alors sortir de ce premier
état en se colorant, elle se modifiera donc naturellement, d'une part, en teignant sa *blancheur*
première d'un *violet* initial, et renforçant égale
ment, d'autre part, son imaginaire *non-colora-
tion* primitive par un *rouge* naissant. Elle ira
donc d'abord de *violet* à *rouge*, pour se porter
ensuite semblablement, avec une sorte de con-
vergence, de bleu à orangé, et finir par s'installer dans les deux couleurs moyennes *vert* et
jaune. Cette marche reproduit exactement l'allure sautillante de l'Activité dans la formule *potentielle* exemplaire α) du § 7 ; et, pour le voir, il
suffit de figurer : par *a*, le *blanc violacé* très écla-

tant en principe ; par *b*, le *noir rougeâtre* très peu visible à l'origine. Car, par la même opération qui nous donne en premier lieu ces deux colorations extrêmes, le violet une fois donné tourne ensuite au bleu comme plus tard le bleu au vert, en même temps que de son côté le rouge tourne à l'orangé, l'orangé au jaune ; de manière qu'à la fin le vert et le jaune, résumant sous ce rapport en eux-mêmes toutes les précédentes couleurs, aboutissent à reproduire (en se combinant, ainsi gros du passé) dans *toute sa teneur objectivo-subjective*, le blanc originaire, — ce que ne feraient pas, au moins intégralement, les simples combinaisons *partielles* usitées de rouge et de vert, d'orangé et de bleu, ou de jaune et de violet, seulement aptes à nous l'offrir reconstitué dans la *forme* ou dans le *fond*.

Dès lors, maintenant, que l'Activité radicale s'établit ainsi dans ses différents états internes, comme en zigzag par allées et venues réitérées et convergentes de contraire à contraire, elle est manifestement loin de pratiquer en ressort *psychologique* le procédé qu'elle suit en ressort *logique*, quand à cette première allure sau-

tillante elle substitue la marche directe en avant
sous forme de flux continu, toujours de même
sens ou nature au fond, et seulement alors diver-
sifié de distance en distance dans son cours par
progrès ou regrès à peine percevables à la longue ;
c'est pourquoi, si plus tard il arrive à ses diverses parties de trancher plus ou moins vivement
l'une sur l'autre à peu près comme dans le
spectre lumineux on ne passe sensiblement qu'*en
long* de rouge à orangé, d'orangé au jaune,..,
ce nouveau mode constant d'évolution contraste
bien singulièrement avec le précédent essentiellement *oscillant* en même temps que foncièrement au moins circulaire. A ce mode précédent
oscillatoire, nous avons donné pour sièges ou
représentants spéciaux les deux facteurs *variables a* et *b* des formules du § 7. Au flux régulier *circulaire* adjoint, nous pouvons actuellement donner de même pour sièges ou représentants spéciaux les coefficients *constants* des
mêmes facteurs *variables*, moyennant affectation
de plus ou moins grands nombres à leurs exposants respectifs ; car, au fur et à mesure de cette
multiplication numérique, sinon la personnalité,

du moins le jeu des facteurs variables semblera
diminuer à chaque pas d'importance, et celui des
facteurs constants en acquerra proportionnellement ; c'est pourquoi le premier sautillement se
traduira tôt ou tard en variation presque insen-
siblement croissante ou décroissante ; et, la
préalable brusquerie de la nature s'éclipsant
alors devant le fini de l'art, nous aurons équiva-
lemment ainsi changé de règne ou serons du
moins en situation de voir un nouveau genre
d'exercice se substituer sans retard au précédent.

Si les trois puissances radicales n'étaient —
dans leur distinction et leur identité fondamentales — aussi réellement séparées que réellement coexistantes, nous ne pourrions assurément
jamais aboutir à disjoindre assez leur premier
exercice en commun [dont l'effet immédiat est
de subordonner aux facteurs *absolus potentiels*
($= 1^3$) leurs coefficients *relatifs* ($= 1^2$), et à
leurs coefficients relatifs leurs propres exposants
numériques ($= 1^1$)], au point de voir leur subordination d'alors s'évanouir, et de permettre en
conséquence, à leurs *coefficients* formels ainsi

qu'à leurs *numéros d'ordre* au physique, de s'ériger tour à tour en *genres* rivaux du *Sens* spirituel originaire, siège et principe des termes ou facteurs variables *a* et *b*. Mais nous ne saurions en aucune manière contester ici, sans détriment de l'intime pénétration ou réelle identité permanente des trois puissances radicales, leur aussi réelle distinction ou pleine opposition actuelle en exercice externe, lorsque, en considérant les rapports originaires, nous sommes obligés d'admettre, comme surgissant du sein du Sens radical (spécial dépositaire désormais de pure *intensité* et au même titre de genre apparent objectif), soit l'Intellect spécial dépositaire d'*extension* imaginaire, soit l'Esprit spécial dépositaire de *tension* virtuelle. Rien ne s'oppose donc à ce que, appropriant d'abord le genre *intensif* au principe fondateur des formes variables *a* et *b*, nous qualifiions ensuite également de genre *extensif* le principe commun de leurs coefficients ou facteurs constants, réservant le dernier genre exclusivement *virtuel* cette fois (sous la dénomination de *physique*) au principe commun des exposants numériques et se mani-

festant par leur moyen. Nous disons ici *virtuel*
le même *genre* que nous n'hésitons point à dé-
nommer en même temps *physique*, en vue de
faire entendre que, n'ayant en soi ni la force
coactive du genre *intensif* sensible ni la puissance *directrice* de l'*extensif* intellectuel, il a
pour sa part la seule vertu *déterminative* attribuable, par exemple, à la conscience morale sur
tout agent libre ou maître de ses opérations alors
vraiment et complètement spontanées. Distin-
guant donc absolument l'un de l'autre en exercice externe les trois modes d'agir en *facteur
variable*, en *coefficient constant* et en *exposant
numérique*, nous faisons, des deux premiers, des
sièges ou représentants respectifs de *force* réelle
et de *direction* formelle, et réservons au dernier
le simple privilège de *détermination* réelle
ou effective, alors exclusivement gratuite ou
gracieuse.

Les trois modes *généraux* d'opérer une fois
connus, et les opérateurs ou leurs symboles une
fois pareillement désignés, si nous nous enqué-
rons actuellement de leurs opérations respectives,
nous devons en premier lieu bien remarquer que

les opérations du premier *genre* doivent être *absolument* spontanées, celles du second *genre* au moins *relativement* spontanées enco^re, mais celles du troisième *genre* à peine *élémentaire-ment* ou — pour mieux dire — imaginairement inconditionnelles à la suite des précédentes ; ce dont le sens est que l'opérateur du premier genre agit en principe premier, *fondateur*, — l'opérateur du second genre, en principe second, *auxi-liaire*, — et l'opérateur du troisième genre, en principe troisième, alors seulement *occasionnel*. En quelque sorte, le premier fait, seul, tout ; le second et le troisième se partagent au contraire l'action du premier, le second en s'en appropriant pour ainsi dire les deux tiers, et le troisième en s'appropriant le tiers restant. D'après cela, les œuvres spéciales du *premier* et du *second*, com-parées, étant entre elles dans le rapport de $\frac{3}{3}$ à $\frac{2}{3}$ ou de 3 à 2, leur rapport factoriel est bien con-forme à leur représentation potentielle respective 1^3, 1^2 ; et, parce que l'œuvre du *troisième* n'est plus figurable que par les expressions $\frac{1}{3}$ ou 1, elle correspond très bien à sa représentation potentielle élémentaire 1^1.

Le moment est maintenant arrivé d'aborder le terrain médical. Nos trois opérateurs, fonctionnant suivant les trois types $1^3, 1^2, 1^1$, sont entre eux comme sont l'un envers l'autre les êtres des trois règnes animal, végétal et minéral. De ces trois sortes d'êtres hétérogènes, quels sont les absolus, plus indépendants et respectivement souverains? Ne sont-ce pas les animaux? Tous les opérateurs de ce genre sont donc, une fois constitués en leur manière, seulement dépendants d'eux-mêmes en premier lieu, puisqu'ils échappent sous ce rapport ou dans leur sphère de liberté personnelle à toute influence provenant des deux autres règnes dont les représentants sont tout d'abord comme imaginaires ou nuls à leur égard. Néanmoins, après que, par mutuelle action ou réaction *sexuelle* ou *sérielle*, les opérateurs du suprême *genre* animal se sont réduits au régime du moyen végétal, ils ne sauraient plus conserver avec eux le privilège de l'animal consistant à ne dépendre aucunement du végétal; mais ils subsistent dès lors, pour initiale déchéance une fois contractée sans retour, en végétaux, et leurs rapports originairement tout *virtuels* sont de-

venus du même coup seulement *formels* Il dé-
pendait exclusivement en premier lieu du règne
animal, par exemple, de susciter et d'utiliser à
son gré le végétal ; mais désormais, suscitant ce
dernier et s'y mêlant, l'animal ne peut plus espé-
rer de trouver en ce dernier le moyen de se rétablir en sa primitive intégrité, — la même liberté
qui suffit à descendre de l'intégrale 1^3 à 1^2 ne
suffisant point à remonter de 1^2 à 1^3. Cependant,
sans retenir l'éminente faculté de conservation
inaltérable propre en principe au règne animal,
le règne végétal n'est point impropre à se pro-
pager ou se maintenir encore indéfiniment : seulement, rien ne lui garantit plus cette prolonga-
tion d'existence ; car si, par acte absolument
spontané de libre détermination, une première
déchéance a pu se produire, combien plus, en
présence des nouveaux et plus étroits intérêts na-
turels et formels évoqués par l'immédiate participation aux événements du règne végétal, la
chance d'une nouvelle et plus profonde chute
est-elle possible et probable, pour ne pas dire
même — dans l'éternelle durée du temps — in-
faillible? Admettons donc actuellement dans le

règne végétal une inopinée perturbation analogue
à celle originairement introduite par hypothèse
dans le règne animal : subitement le règne végétal s'effondra lui-même à son tour dans le règne minéral, comme on passerait de l'intégrale
moyenne 1^2 à la dernière ou plus basse dérivée
réelle possible $1'$.

Nous avons déjà décrit la situation d'un opérateur réduit à ce dernier état : il ne peut, avons-
nous dit, directement rien opérer ; mais il peut,
indirectement au moins, porter par l'exemple à
l'imitation, comme servir de cause occasionnelle
au maintien ou réveil de *produits* formés des
mêmes éléments qu'il contient *inertes* en nombre et nature ; d'où il suit qu'en définitive il peut
être autant en certains cas utile, qu'en d'autres
cas nuisible au végétal. Se trouvant en outre à
la portée de la portion du règne animal non encore
viciée par hypothèse, le règne minéral peut être
encore, sans concours direct, incomparablement
plus utile, en même temps que n'être plus nuisible. Sa parfaite innocuité d'alors est fondée
d'abord sur son manque absolu d'initiative ou
d'action propre, et puis sur ce que tous ses états

réels ou prétendus tels sont constamment ici réputés imaginaires pour le règne animal. Effectivement, où tout est et paraît imaginaire, cette imaginarité n'a-t-elle point l'avantage de faire place nette et de provoquer, en tout être conscient de ce néant apparent, la pensée, le désir ainsi que la volonté de le remplacer par la réalisation de tout ce qui leur manque?... Voici donc quels sont et doivent être les états respectivement attribuables aux diverses activités réelles constituées potentiellement, ou géométriquement, ou arithmétiquement : aux *potentielles* revient une p'eine indépendance *absolue* radicale ; aux *géométriques*, une partielle ou demi indépendance et dépendance *réciproques* ; aux *arithmétiques*, une pleine indépendance *subjective* mais, aussi pleine dépendance *objective*, cette constitution impliquant alors en eux la vraie mais simple faculté de disposer de cette dépendance à leur gré pour le rétablissement ou la conservation ou la définitive consommation de leur initiale participation à l'ordre radical, dont ils sont alors eux-mêmes (*exposants numériques*) les plus bas représentants, tandis que les géométriques (*facteurs constants*) en sont les représentants moyens, et les potentiels (*facteurs variables*), sinon leurs suprêmes représentants, au moins leur incessante et fidèle image.

L'application de ces données à la médecine pratique n'offre pas la moindre difficulté. Abstraction faite des méthodes purement hygiéniques ou chirurgicales qui lui sont à peu près étrangères, la médecine pratique, comme méthode curatrice ou réparatrice, trouve toutes ses ressources dans l'*alimentation*, dont elle emprunte alors les éléments aux trois règnes de la nature, demandant ainsi, d'abord, au règne *animal*, les principes immédiatement réparateurs analogues aux *facteurs variables* ; puis, au règne *végétal*, ses principes médiats analogues aux *facteurs constants* ; et enfin, au règne *minéral*, ses principes neutres élémentaires analogues aux *exposants numériques*.

11. Il ne nous reste en ce moment à traiter, des trois questions posées § 8, que la dernière ou celle des mouvements propres ensemble ou séparément aux trois sortes de séries potentielles,

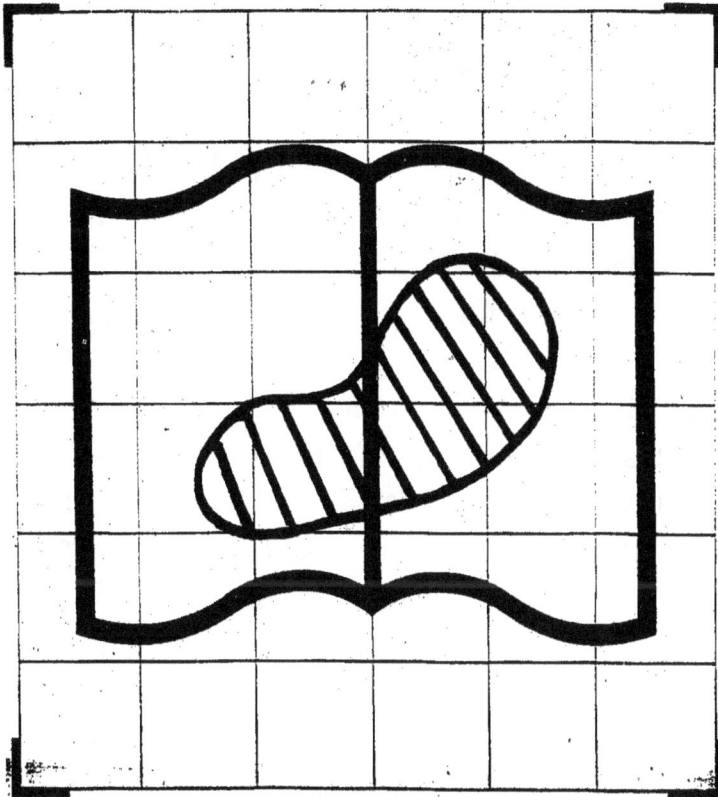

géométriques ou arithmétiques : nous la traite-
rons ou résoudrons à son tour en nous rappelant
que, comme ces mouvements impliquent dans
leur totalité la plénitude de l'Activité radicale
dont toutes les opérations s'effectuent suivant les
quatre formules 1^3, 1^2, 1^1, 1^0, l'ensemble et le
déroulement en doivent prendre et reproduire le
même aspect quaternaire par identification et
réduction à ceux déduits des quatre sections
coniques et dits circulaire, elliptique, parabolique
et hyperbolique.

C'est d'abord une chose bien manifeste que,
à tout mouvement (pur phénomène objectif) correspond, au subjectif, une tendance analogue,
dont il n'est que l'expression apparente au sens
externe. Telle est alors la tendance en ressort
interne, tel est le mouvement en ressort externe ;
et réciproquement. Partant de ce principe et
remarquant que tous les mouvements coniques
se réduisent aux quatre dits circulaire, elliptique,
parabolique et hyperbolique, nous devons donc
admettre quatre dispositions tendantielles corré-
latives en fondant le déroulement spécial, lesquelles ne peuvent être, pour reproduction carac-

téristique intégrale de leurs propriétés, que les quatre *visées* permanentes inspirées par les sentiments prédo i inants d'*identité*, de *conformité*, de *contrariété* et de *contradiction* réelles, dont elles épousent alors en conséquence le sens et la direction. L'essentielle corrélation des quatre mouvements coniques et de ces mêmes prédispositions virtuelles, si elle n'était évidente, se déduirait, au besoin, de leurs quatre notes communes et respectives de *nécessité*, de *convenance*, de *possibilité* et d'impossibilité. N'est il point manifeste en effet, par exemple : qu'en mouvement *circulaire*, comme en cas d'*identité*, règne la *nécessité*; qu'en conformité de *direction* et de *visée* doit régner, comme en mouvement elliptique, la convenance ou l'accord ; qu'au contraire, où l'accord est seulement possible et fortuit, là règne l'arbitraire ; et qu'enfin, où l'accord est impossible, il y tourne à l'hostilité flagrante? Les quatre notes[1] de nécessité, de

---

[1] On peut voir une première exposition de cette série d'idées très nettement formulée depuis longtemps dans nos *Éléments de Psychologie mathématique*, 2e série, n° 10, pag 12.

convenance, de possibilité et d'impossibilité,
résumant donc toutes les conditions d'exercice à
la fois objectif et subjectif, voyons maintenant ce
qui s'ensuit.

En premier lieu, jetant les yeux sur le monde
entier, nous ne distinguons rien et voyons tout
dans le chaos ; mais, comme plus tôt ou plus
tard les choses s'y différencient progressivement
d'elles-mêmes, de nous-mêmes aussi nous les y
différencions. Les deux déroulements objectif et
subjectif s'effectuent donc en général comme
parallèles ; mais, par là même, ils doivent aussi
comme parallèlement concorder ou différer de
plus en plus ou de moins en moins, et nous pouvons dire en conséquence que d'abord, en raison
de cette (*en général*) commune ou parallèle évolution interne externe, l'identité règne partout
et la contradiction nulle part ; c'est-à-dire que,
en principe et parce que le rapport régnant en
l'*Unité* radicale y subsiste sous double forme
objectivo-subjective dans les conditions précitées,
il y est figurable par l'expression absolue-rela-
tive complexe $1^{1^3}_{b}$.

Dans cette expression, l'exposant supérieur

désigne la plénitude d'activité radicale, laquelle
est tout au plus susceptible de trois directions à
prendre désormais *trois à trois* ou *deux à deux*
ou *une à une*, d'où résulte, par double dérivation
consécutive, la possibilité de remplacer le plein
exposant primitif ∞ par le triple $3 > 2 > 1$,
ou bien de poser consécutivement 1^3, 1^2, 1^1.
Mais cette modification *exponentielle* de la formule primitive n'est point possible sans une
corrélative modification *factorielle* dans la constitution de l'*Unité* radicale, exprimable de son
côté par *coefficients* de plus en plus complexes
impliquant l'érection d'une *exponentielle* inverse à la précédente et d'abord égale à 0, mais
puis figurable en variation ascendante par les
formules 1^1, 1^2, 1^3. Alors, l'évolution radicale
de l'activité s'effectue réellement en deux exem-
plaires symbolisant en eux-mêmes ses deux faces,
régressives en extension ainsi qu'en intensité
tout d'abord (en raison de leur primitive identité),
mais *progressives* ensuite en intensité finale (pour
leur opposition contradictoire originaire) ; et,
comme leur préalable *conformité* se traduit en
parallélisme, leur subséquente contrariété se

traduit inversement en apparente *rectangularité*,
dont l'introduction suffît à ménager dès ce moment la nouvelle apparition indéfinie de toutes les
moyennes imaginables entre les trois directions
fondamentales groupées désormais deux à deux,
avec constante résultante formelle ou réelle en
exprimant le rapport mathématique inhérent à
tout couple de forces fatalement ou librement
reliées entre elles.

Ici, ces forces combinées deux à deux ne
peuvent être autres que les *visées tendantielles*
déjà signalées comme termes compris entre le
premier principe et la dernière fin, et s'échelon-
nant de l'un à l'autre en séries continues plus
ou moins prolongées, croissantes ou décrois-
santes. Or, prises une à une, toutes semblables
visées sont notoirement *linéaires* et même rec-
tilignes, comme, prises deux à deux, elles s'in-
terceptent angulairement et s'étalent en plans,
et, prises trois à trois, elles s'érigent en solides
divers, sphériques ou polyédriques. La portée
pouvant n'en être pas égale alors à ces trois
points de vue consécutifs, dont le premier est
respectivement qualifiable de *physique* pur, le

second de *formel*, et le troisième de *virtuel*, si
nous nous attachons à considérer la manière dont
elles s'échelonnent en séries continues, nous
entrevoyons de suite qu'elles y procèdent, ou
diversement, ou *uniformément* sous les deux
aspects *collatéral* et *successif*, ou bien encore
identiquement pour entière indistinction de
forme et de fond sinon de fait. Est-ce *diversement* qu'elles se déroulent en séries continues :
le mouvement dont elles sont dans ce cas le siège
est évidemment *hyperbolique*. Devient-il par
hypothèse *uniforme*, mais d'abord au seul point
de vue *collatéral* ou de l'espace en représentation objective : l'implicite tendance accusée cette
fois par lui se relève déjà notablement, mais reste
encore particulièrement *parabolique*. Sensiblement tout autre en devient, au contraire, l'allure, si les deux visées concourantes, quoique
toujours distinctes de fait par succession, joignent
à l'identité de forme l'identité de fond ou pour
mieux dire ici de virtualité (le fond de tous termes
à la fois identiques et distincts ne pouvant être
que leur essence *virtuelle*, interne), la disparité dont elles sont dans ce troisième cas le siège

n'étant plus qu'actuelle, ne diffère plus de la
simple inégalité propre aux deux composantes a
et b de tout mouvement *elliptique* fondé sur la
constante et plénière proportionnalité de leurs
variations ; la conformité de fond ou d'essence,
ainsi jointe à celle de simple apparence objective
préalable, entraîne donc à sa suite la substitution du mouvement *elliptique* au parabolique.
Mais la conformité de *fait* peut aussi bien s'adjoindre à la conformité d'*apparence*, que la conformité d'*essence*, de virtualité, de fond ; et
dans ce dernier cas, pourvu qu'il reste une à
peine assignable disparité constituée par la simple
permutation de ces trois données principales
constitutives d'un seul et même tout, la progression reste possible, mais elle est essentiellement ou pour tous temps et lieux *circulaire*.

Offrons maintenant une application de ces divers aperçus. Le monde peut être considéré comme
tout Un, ou comme *un-Tout*, suivant qu'on ap-
puie plus sur l'un de ces deux caractères que
sur l'autre. Le mieux est de plus accentuer ici
l'*Un* que le *Tout* ; car, avec l'Un, on a le défini,
que l'on n'aurait point avec le Tout sans revenir

à l'Un. Or l'Un réel, impliquant le Tout comme notion auxiliaire, s'en constitue progressivement à la manière d'un cristal parfait ayant bien à la fois centre et contour avec axes intermédiaires, d'abord réduits à trois, et puis accompagnés de côtés, d'angles et d'arêtes de toute sorte. Mais, les trois axes en étant bien les trois données fondamentales, si nous les prenons seuls, nous avons de suite le choix entre les deux manières de nous les figurer construits en cube ou sphère, et nommément en cube, si nous en faisons un ensemble parfaitement régulier pour égalité de longueur et rectangularité de direction sans distinction de lieux ni de temps, — en sphère, si, présupposant par première détermination l'un d'eux fixe à l'égard des deux autres, nous imaginons ces deux derniers circulant à son entour. Et, n'importe alors que nous les concevions infiniment petits ou grands : le cube ou la sphère imaginaires s'y rattachant subiront d'emblée la même modification en raison de l'unité fondamentale, que n'interrompt aucunement la pluralité des axes restant égaux, concentriques et rectangulaires. Mais concevons actuellement ces mêmes axes commençant à se différencier de fait en simple longueur : ne différant ainsi qu'en fait ou physiquement l'un de l'autre, ils constitueront, au lieu d'un cube, un parallélipipède rectangulaire. Leurs angles venant à varier à leur tour, ils dégénéreront en parallélipipèdes obliquangles, et plus tard encore en rhomboèdres divers ; et, si nous supposons enfin qu'ils se décentralisent, perdant alors jusqu'à la symétrie conservée jusqu'à cette heure, ils deviennent de simples corps bruts, ou n'ayant plus de parties et ne formant plus d'ensemble que de nom, pour complète absence, en eux, de tout fonctionnement radical à titre de principe, de fin et de moyen corrélatifs.

Tout ce que nous venons de dire des agrégations cristallinet s'applique aux associations organiques de toute nature, ou terrestres et célestes, mais bien plus ostensiblement aux terrestres qu'aux célestes ; car, en terre, il existe une bien plus vive distinction entre les couples d'activités *successives*, que, aux cieux, entre ceux d'activités *simultanées* dispersées en quelque sorte dans le vide. Néanmoins, parce qu'il n'est pas plus im-

possible ou difficile aux existences simultanées
de se représenter comme successives, qu'aux
successives de se représenter comme simultanées,
on conçoit, pour les unes et les autres confirmées
dans un heureux état d'alliance indéfinie, le privilège d'une immanente participation aux deux
mouvements perpétuels circulaire et elliptique,
dont seront éternellement déchues ou privées
toutes les autres existences vouées par leur sort ou
par nature aux seuls mouvements défaillants parabolique et hyperbolique essentiellement desti-
tués de tout moyen naturel de restauration propre
quand celui de simple conservation propre leur
fait déjà défaut en principe.

12. Si l'on voulait ici pouvoir embrasser d'un
coup d'œil l'ensemble et la marche des idées, le
meilleur moyen serait peut-être de se rappeler
ce principe d'optique que tous rayons lumineux,
pour pouvoir interférer, doivent émaner de *même
source*, ou bien avoir et conserver dans tout leur
parcours une *même allure*, à *même distance* de
leur origine ou de leur fin. Car, leur allure se
constituant alors de leurs deux modes statiques

ou dynamiques connus de fonctionnement qui
sont l'*uniformité de propagation* et la *variation
d'intensité* dont l'*exponentiel* et le *factoriel* sont
justement la représentation ou l'image, la con-
cordance des rayons émis dans ces conditions implique l'égale exacte corrélation de leur double
expression mathématique. Cette expression est
réalisable sous la forme alternante des deux mouvements *oscillatoire* et *circulaire*, foncièrement
inséparables, mais non simultanément apparents
malgré cela ; car ils se recouvrent alternativement
l'un l'autre, le *circulaire* éclatant, par exemple,
seul aux cieux, quand l'*oscillatoire* prend gran-
dement sous ce rapport sa revanche en terre.
On sait également que, tous êtres manquant en
premier lieu d'initiative en terre, l'activité s'y
montre de préférence passive, ce qui suppose
aux cieux le principe de ses opérations. En général, les mouvements *oscillatoires* terrestres
sont donc provoqués et précédés de mouvements
circulaires célestes, dont ils subissent fatalement
ou librement l'influence déterminative ou provo-
catrice ; c'est pourquoi le trouble, une fois intro-
duit en haut, se produit ici-bas en s'y grossissant

d'ailleurs par condensation ou matérialisation. Cette condensation ou matérialisation ne se produit point immédiatement dans les deux mouvements elliptique et circulaire, dont la perpétuité suffit à démontrer l'excellence intrinsèque ; mais, toujours finis et défaillants par eux-mêmes, les deux mouvements hyperbolique et parabolique, quoique virtuellement émis tout d'abord et pour cela d'origine céleste, donnent si promptement prise au temps ainsi qu'à l'espace sensibles, qu'ils ne peuvent plus nulle part dominer sans y révéler leur commune impuissance à se préserver du fatal arrêt ou total anéantissement auquel ils sont condamnés sans retour.

FIN.

TABLE DES MATIÈRES

FIN DE LA TABLE.

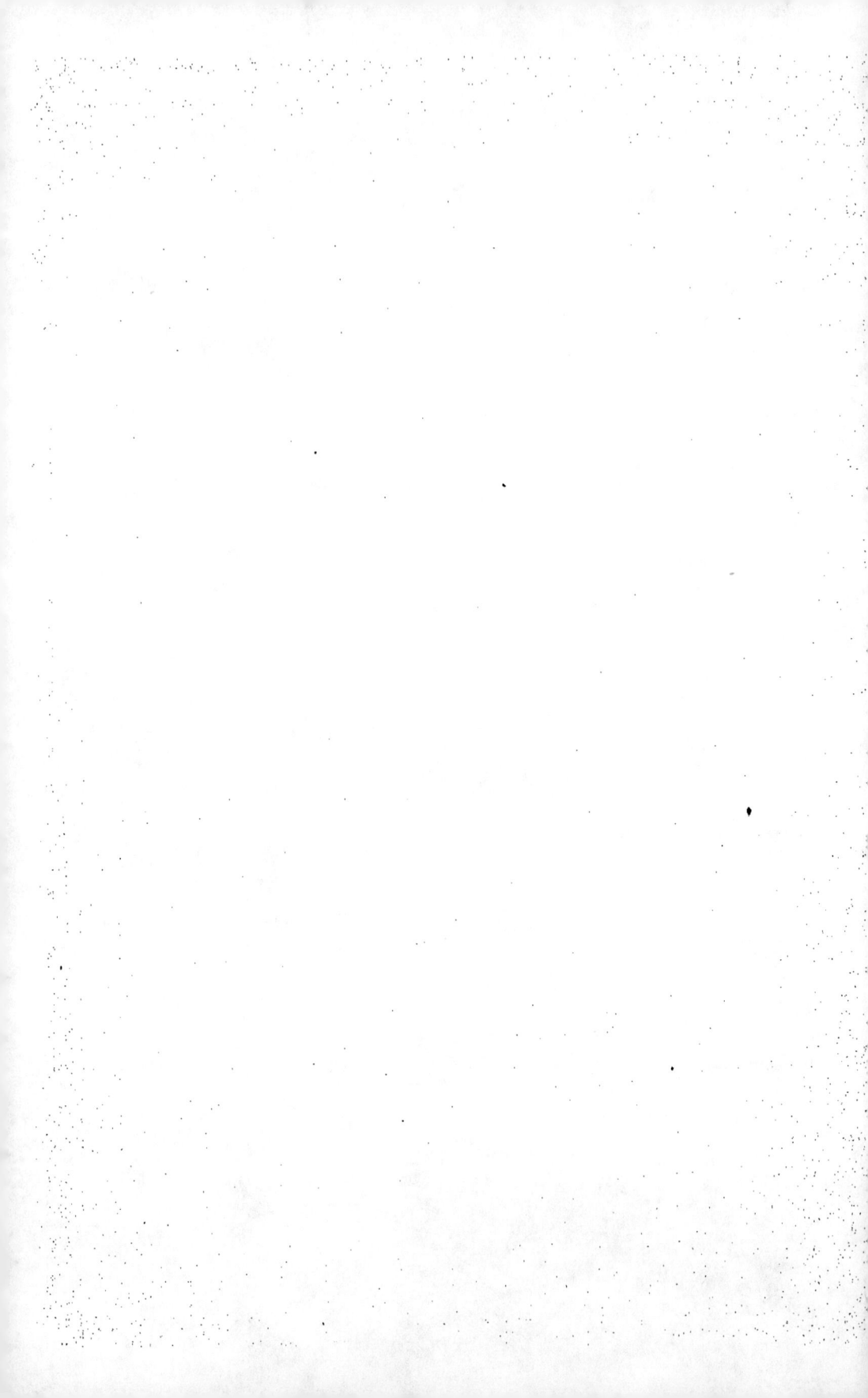

Suite des Ouvrages du même Auteur.

ÉTUDES DE PHILOSOPHIE NATURELLE.

No 1. Système des trois règnes de la nature. in-12. 1864.

No 2. Réponse directe à M. Renan, ou démonstration philosophique de l'incarnation. 1 vol. in-12. 1864.

No 3. De l'expérience de Monge au double point de vue expérimental et rationnel. 1 vol. in-12. 1869 (3e édition).

No 4. De l'ordre et du mode de décomposition de la lumière par les prismes. 1 vol. in-12. 1870.

No 5. De l'ordre et du mode de décomposition de la lumière par les prismes ; Nouvelles preuves à l'appui, in-12.

No 6. Sens et rationalité du dogme eucharistique. in-12.

No 7. Démonstration psychologique et expérimentale de l'existence de Dieu. 1 vol. in-12. 1873.

No 8. De l'ordre et du mode de décomposition de la lumière par les bords minces. 1 vol. in-12.

No 9. Le système du monde en quatre mots. 1 vol. in-12.

No 10. Classification raisonnée des Sciences naturelles. 1 vol. in-12.

2e SÉRIE : No 1. La mécanique de l'esprit conforme aux principes de la classification rationnelle. 1 vol. in-12.

No 2. Organisation et unification des sciences naturelles. 1 vol. in-12.

No 3. L'Histoire naturelle éclairée par la théorie des axes (avec planche). 1 vol. in-12.

No 4. La mécanique de l'esprit par la trigonométrie. 1 vol. in-12.

No 5. La Classification rationnelle et le Calcul infinitésimal. 1 vol. in-12.

No 6. La Classification rationnelle et la Phénoménologie transcendante (avec planche). 1 vol. in-12.

No 7. La Classification rationnelle et la Géologie (avec planche). 1 vol. in-12.

N8 . La Classification rationnelle et la Pragmatologie psychologique. 1 vol. in-12.

No 9. La Classification rationnelle et la Pneumatologie mécanique. 1 vol. in-12.

No 10. Éléments de Psychologie mathématique. 1 vol. in-12.

3e SÉRIE : No 1. Identité du Subjectif et de l'Objectif (avec planche). 1 vol. in-12.

No 2. Le vrai système général de l'Univers 1.vol. in-12.

No 3. Origine des Météorites et autres corps célestes 1 vol. in-12.

www.ingramcontent.com/pod-product-compliance
Lightning Source LLC
Chambersburg PA
CBHW071106210326
41519CB00020B/6193